"十四五"职业教育国家规划教材

icve 智慧职教 智能制造领域核心技术技能人才培养系列 新形态一体化教材

工业机器人
操作与编程 （第2版）

主　编　张春芝　钟柱培　张大维
副主编　祖　层　何　瑛　成　萍

中国教育出版传媒集团
高等教育出版社·北京

内容提要

本书为"十四五"职业教育国家规划教材，以 ABB IRB 120 型工业机器人为对象，分 7 个项目详细讲解工业机器人的系统结构、坐标系、启动与关闭、手动运行方法、I/O 通信设置、编程与调试、参数设定、程序管理方法、基础示教编程与调试、高级示教编程与调试、日常维护等内容。各任务后均附有思考题，方便知识的温习。本书实训内容对硬件的要求简单，可单独将 ABB IRB 120 型工业机器人作为实训设备展开教学，为方便编程案例的实现也可将北京华航唯实机器人科技股份有限公司的基础教学工作站作为实训设备展开教学。

本书实现了互联网与传统教学的融合，采用"纸质教材+数字课程"的出版形式，以新颖的留白编排方式突出资源的导航，扫描二维码即可观看微课、拓展阅读等数字资源，突破传统课堂教学的时空限制，激发学生的自主学习，打造高效课堂。本书配套数字课程使用方式见"智慧职教"服务指南。此外，本书提供 PPT 课件和思考题答案，授课教师可发电子邮件至编辑邮箱 gzdz@ pub. hep. cn 获取。

本书既可作为职业院校工业机器人技术、电气自动化技术等专业和装备制造大类相关专业的教材，也可作为企业培训用书和工程技术人员的参考资料。

图书在版编目（CIP）数据

工业机器人操作与编程／张春芝，钟柱培，张大维主编．--2 版．--北京：高等教育出版社，2021. 11（2024. 12 重印）

ISBN 978-7-04-056865-3

Ⅰ.①工… Ⅱ.①张… ②钟… ③张… Ⅲ.①工业机器人-操作-高等职业教育-教材 ②工业机器人-程序设计-高等职业教育-教材 Ⅳ.①TP242. 2

中国版本图书馆 CIP 数据核字（2021）第 176147 号

工业机器人操作与编程（第 2 版）
Gongye Jiqiren Caozuo yu Biancheng

策划编辑	郭　晶	责任编辑	郭　晶	封面设计	杨伟露	版式设计	杜微言
插图绘制	黄云燕	责任校对	高　歌	责任印制	高　峰		

出版发行	高等教育出版社	网　　址	http://www.hep.edu.cn
社　　址	北京市西城区德外大街 4 号		http://www.hep.com.cn
邮政编码	100120	网上订购	http://www.hepmall.com.cn
印　　刷	廊坊十环印刷有限公司		http://www.hepmall.com
开　　本	787 mm×1092 mm　1/16		http://www.hepmall.cn
印　　张	18.25	版　　次	2018 年 3 月第 1 版
字　　数	370 千字		2021 年 11 月第 2 版
购书热线	010-58581118	印　　次	2024 年 12 月第 9 次印刷
咨询电话	400-810-0598	定　　价	46.50 元

本书如有缺页、倒页、脱页等质量问题，请到所购图书销售部门联系调换
版权所有　侵权必究
物 料 号　56865-B0

"智慧职教"（www.icve.com.cn）是由高等教育出版社建设和运营的职业教育数字教学资源共建共享平台和在线课程教学服务平台，与教材配套课程相关的部分包括资源库平台、职教云平台和 App 等。用户通过平台注册，登录即可使用该平台。

● 资源库平台：为学习者提供本教材配套课程及资源的浏览服务。

登录"智慧职教"平台，在首页搜索框中搜索"工业机器人操作与编程"，找到对应作者主持的课程，加入课程参加学习，即可浏览课程资源。

● 职教云平台：帮助任课教师对本教材配套课程进行引用、修改，再发布为个性化课程（SPOC）。

1. 登录职教云平台，在首页点击"新增课程"按钮，根据提示设置要构建的个性化课程的基本信息。

2. 进入课程编辑页面设置教学班级后，在"教学管理"的"教学设计"中"导入"教材配套课程，可根据教学需要进行修改，再发布为个性化课程。

● App：帮助任课教师和学生基于新构建的个性化课程开展线上线下混合式、智能化教与学。

1. 在应用市场搜索"智慧职教 icve" App，下载安装。

2. 登录 App，任课教师指导学生加入个性化课程，并利用 App 提供的各类功能，开展课前、课中、课后的教学互动，构建智慧课堂。

"智慧职教"使用帮助及常见问题解答请访问 help.icve.com.cn。

教育部工业机器人领域职业教育合作项目
配套教材编审委员会

主任：

金文兵

常务副主任：

刘浪、张大维

副主任（按姓氏笔画排序）：

丁洪勇、马明娟、王晓勇、孙加存、巫云、李曙生、杨欢、邱葭菲、宋玉红、张春芝、陈岁生、祖国建、莫剑中、夏智武、梁锐、蒋正炎、喻永康、蔡亮

委员（按姓氏笔画排序）：

于雯、马龙凤、马海杰、王东辉、王光勇、王益军、牛超、方玮、孔小龙、石进水、叶晖、白雪、冯占营、权宁、过磊、成萍、吕玉兰、朱洪雷、刘泽祥、刘徽、产文良、许京波、贡海旭、李卫民、李永亮、李俊、李峰、李慧、李燕、肖珑、肖谅、吴仁君、何用辉、何瑛、宋天明、张开、张洪波、张强、张黎燕、陈光伟、陈建、陈庭、林媚、罗梓杰、罗隆、金鑫、庞浩、赵振铎、胡健、钟柱培、侯国林、施琴、洪应、夏继军、顾凯、顾德祥、党丽峰、徐金鹏、郭金鹏、郭海林、黄宗建、黄祥源、黄鹏程、曹婉新、曹新林、常辉、常镭民、盖克荣、蒋金伟、程洪涛、曾宝莹、雷宇、雷红华、綦振伟、蔡基锋、谭乃抗、滕今朝、魏保立

参与院校（按首字笔画排序）：

大连职业技术学院、上海工商信息学校、上海市大众工业学校、山东交通职业学院、山西机电职业技术学院、广州工程技术职业学院、广州市轻工职业学校、天津市经济贸易学校、无锡机电高等职业技术学校、日照市科技中等专业学校、长沙民政职业技术学院、长春市机械工业学校、东莞理工学校、北京工业职业技术学院、辽宁机电职业技术学院、吉林工业职业技术学院、吉林机械工业学校、吉林铁道职业技术学院、自贡职业技术学院、江西工业贸易职业技术学院、江苏省如东中等专业学校、江苏省高淳中等专业学校、江苏省常熟职业教育中心校、江苏信息职业技术学院、安徽职业技术学院、苏州市职业大学、邵阳学院、青岛西海岸新区职业中等专业学校、青岛职业技术学院、杭州职业技术学院、金华职业技术学院、郑州铁路职业技术学院、河南工业职业技术学院、河南机电职业学院、河南职业技术学院、南京工业职业技术大学、南京江宁高等职业技术学校、威海职业学院、重庆工商职业学院、顺德职业技术学院、济南职业学院、泰州职业技术学院、徐州工业职业技术学院、浙江机电职业技术学院、黄冈职业技术学院、黄河水利职业技术学院、常州工业职业技术学院、常州刘国钧高等职业技术学校、淄博职业学院、惠州城市职业学院、黑龙江生物科技职业学院、集美工业学校、湖北交通职业技术学院、湖南理工职业技术学院、滨州职业学院、福建信息职业技术学院、漳州职业技术学院、镇江高等职业技术学校、襄阳职业技术学院

参与企业：

北京华航唯实机器人科技股份有限公司、上海 ABB 工程有限公司、上海新时达机器人有限公司、潍坊市教育投资集团有限公司

前　言

　　"机器人革命"有望成为新一轮工业革命的一个切入点和增长点。党的二十大报告提出：培养造就大批德才兼备的高素质人才，是国家和民族长远发展大计。《中华人民共和国国民经济和社会发展第十四个五年规划和 2035 年远景目标纲要》提出：培育先进制造业集群，推动包括机器人产业在内的九大产业创新发展；提高安全生产水平，推进危险岗位机器人替代。

　　国内当前工业机器人专业人才缺乏，为突破这一产业发展瓶颈，需要加强职业院校工业机器人相关学科建设，加大工业机器人职业培训教育力度，注重专业人才培养，着力于应用型人才队伍建设。

　　2016 年，教育部为发挥企业在工业机器人领域的技术优势，与北京华航唯实机器人科技股份有限公司、上海 ABB 工程有限公司、上海新时达机器人有限公司合作，从全国职业院校中遴选 115 所合作院校，共同建设 15 个开放式公共实训基地、100 个应用人才培养中心，通过制订符合行业发展需求的工业机器人人才培养方案，促进职业院校工业机器人专业内涵建设，规范岗位课程体系和技能人才培养模式，提升教师专业技术能力。随着职业教育工业机器人专业建设的不断深入，开发适合职业院校教学需要的，具有产教融合特点的工业机器人专业教材成为辅助专业建设和教学的一项重要工作。在此背景下，工业机器人行业企业与职业院校深度合作，共同开发了以"理实一体、工学结合"为指导思想的智能制造领域核心技术技能人才培养系列新形态一体化教材，本书即为其中之一。

　　工业机器人操作与编程是工业机器人专业的核心技能。本书主要介绍工业机器人最基本的操作与编程方法，根据职业院校教学特色将工业机器人操作与编程的基本理论知识和实操任务同时整合到教学活动中，理论基础与实训教学有效衔接，以培养学生的综合职业能力，非常适合用于工业机器人入门学习。

　　本书由北京工业职业技术学院的张春芝、东莞理工学校的钟柱培、北京华航唯实机器人科技股份有限公司的张大维任主编，江苏信息职业技术学院的祖层、湖南理工职业技术学院的何瑛、北京华航唯实机器人科技股份有限公司的成萍任副主编，全书由成萍统稿。

　　本书的编写工作得到了祁阳县职业中等专业学校的夏建成、武汉机电工程学校的周正鼎等教师的支持和帮助，同时还参阅了部分技术文献，编者在此一并表示衷心的感谢。

　　北京华航唯实机器人科技股份有限公司为本书开发了丰富的配套教学资源，包括教学课件（PPT）、微课和思考题答案等，并在书中相应位置做了资源标记。读者可通过手机等移动终端扫码观看相关内容，也可在"智慧职教"平台（www.icve.com.cn）学习与本书配套的数字课程。

　　由于编者水平有限，对于书中不足之处，恳请广大读者批评指正。

编者
2022 年 11 月

目　录

项目一　工业机器人的启动和关闭

　　工业机器人被誉为"制造业皇冠顶端的明珠"，是衡量一个国家创新能力和产业竞争力的重要标志。作为技术集成度高、应用环境复杂、操作维护较为专业的高端装备，机器人应用领域有着多层次的人才需求。人力资源和社会保障部发布的《新职业——工业机器人系统操作员就业景气现状分析报告》指出，随着工业机器人的广泛应用，对掌握工业机器人操作、维护、调试、故障排除以及系统集成等技术的工程师的需求会日益增多，工业机器人系统操作员的缺口最为突出。本书将以工业机器人系统操作员岗位技能要求为目标，由浅入深地讲解工业机器人操作与编程的方法。

　　本项目通过工业机器人系统认知及示教器使用方法等内容的学习，使读者掌握工业机器人系统结构、基本规格参数、示教器结构及操作方法，达到可以启动工业机器人系统、操控示教器关闭工业机器人系统的目标，为下一步用示教器进行环境配置和编程做好技术准备。

学习任务

- 任务 1.1　启动工业机器人
- 任务 1.2　关闭工业机器人

学习目标

■ 知识目标
- 了解工业机器人的结构。
- 认识工业机器人的规格参数及安全操作区域。
- 认识工业机器人控制柜及示教器结构，了解其安全操作方法。

■ 技能目标
- 掌握启动和关闭工业机器人的方法。

■ 素养目标
- 培养严谨求实的工作态度。
- 培养踏实敬业的工作态度。
- 增强安全观念。

工业机器人的
启动和关闭 —— 系统结构

工业机器人本体 —— 规格参数
—— 安全操作区域 —— 启动工业机器人

控制柜 —— 控制柜按钮

示教器 —— 结构及操作界面
—— 安全使用方法 —— 关闭工业机器人

示教器线缆

控制线缆

动力线缆

电源线缆

PPT

工业机器人概述

任务 1.1　启动工业机器人

1.1.1　工业机器人的结构

工业机器人主要由工业机器人本体、控制柜、连接线缆和示教器组成。示教器通过示教器线缆与控制柜连接，工业机器人本体通过动力线缆和控制线缆与控制柜连接，控制柜通过电源线缆与外部电源连接，获取电能，如图 1-1 所示。

拓展阅读

工业机器人的安全
生产

图 1-1　工业机器人的结构

1—工业机器人本体；2—示教器；3—示教器线缆；4—控制柜；
5—控制线缆；6—动力线缆；7—电源线缆

PPT

工业机器人的分类

1.1.2　工业机器人的规格参数及安全操作区域

ABB IRB 120 型工业机器人（以下简称"机器人"）如图 1-2 所示。机器人结构设计紧凑，易于集成，可以布置在机器人工作站内部、机械设备上方或生产线上其他机器人的周边，主要应用于物流搬运、装配等工作。

机器人工作范围如图 1-3 所示，工作半径达 580 mm，底座下方拾取距离为112 mm。机器人规格参数见表 1-1。

图 1-2　ABB IRB 120 型
工业机器人

⚠ 提示：本书以 ABB IRB 120 型工业机器人为例介绍工业机器人操作与编程，书中提到的"机器人"在不做特殊说明的情况下均指 ABB IRB 120 型工业机器人。

图1-3 机器人工作范围

表1-1 机器人规格参数

基本规格参数			
轴数	6	防护等级	IP30
有效载荷	3 kg	安装方式	地面安装/墙壁安装/悬挂
到达最大距离	0.58 m	机器人底座规格	180 mm×180 mm
机器人质量	25 kg	重复定位精度	0.01 mm
运动范围及速度			
轴序号	动作范围		最大速度
1轴	−165°至+165°		250°/s
2轴	−110°至+110°		250°/s
3轴	−90°至+70°		250°/s
4轴	−160°至+160°		360°/s
5轴	−120°至+120°		360°/s
6轴	−400°至+400°		420°/s

⚠ 提示：由机器人的工作范围可以知道，在机器人工作的过程中，半径为580 mm的范围内均为机器人可能达到的范围。因此在机器人工作时，所有人员应在此范围以外，不得进入，以免发生危险！

机器人控制柜的结构

1.1.3 工业机器人控制柜的操作面板

在工业机器人中，控制柜是很重要的设备，用于安装各种控制单元，进行数据处理及存储和执行程序，是机器人的"大脑"。控制柜的操作面板如图1-4所示，下面介绍面板上按钮和开关的功能。

①电源开关：旋转此开关，可实现机器人系统的开启和关闭。

②模式开关：旋转此开关，可切换机器人手动/自动运行模式。

③紧急停止按钮：按下此按钮，可立即停止机器人的动作，此按钮的控制操作优先于机器人任何其他的控制操作。

④制动闸释放按钮：按下此按钮，可解除电动机抱死状态，机器人姿态可以随意改变（详见 3.4.6）。

⑤上电按钮：按下此按钮，机器人电动机上电，处于开启状态。

图 1-4　控制柜的操作面板

1—电源开关；2—模式开关；3—紧急停止按钮；

4—制动闸释放按钮；5—上电按钮

⚠ 提示：按下紧急停止按钮会断开机器人电动机的驱动电源，停止所有运转部件，并切断由机器人系统控制且存在潜在危险的功能部件的电源。机器人运行时，如果工作区域内有工作人员，或者机器人伤害了工作人员、损伤了机器设备，需要立即按下紧急停止按钮！

⚠ 提示：非必要情况下，不要轻易按压制动闸释放按钮，否则容易造成碰撞！

1.1.4　任务操作——启动工业机器人

1. 任务要求

通过操作控制柜按钮启动工业机器人系统，使示教器显示开机界面。

2. 任务实操

序号	操作步骤	示意图
1	将电源线缆与外部电源接通	

微课

启动工业机器人

拓展阅读

协作机器人简介

续表

序号	操作步骤	示意图
2	按照图示将控制柜电源开关由 OFF 旋转至 ON 的位置	
3	机器人系统开始启动，等待片刻观察示教器，出现图示界面则开机成功	

思考题答案

🦾 思考题

1. 填空题

① 工业机器人主要由_____、_____、连接线缆和_____组成。

② ABB IRB 120 型机器人的工作半径达_____，底座下方拾取距离为_____。

③ 在工业机器人中，_____是很重要的设备，用于安装各种控制单元，进行数据处理及存储和执行程序，是机器人的"大脑"。

2. 判断题

① 旋转模式开关，可以实现机器人系统的开启和关闭。   （   ）

② 按下紧急停止按钮会断开机器人电动机的驱动电源，停止所有运转部件，并切断由机器人系统控制且存在潜在危险的功能部件的电源。   （   ）

任务 1.2　关闭工业机器人

1.2.1　示教器的结构及操作界面

1. 示教器的结构

在使用机器人的过程中，为了方便控制和现场编程调试，机器人厂商一般都会配有自己品牌的手持式编程器，作为用户与机器人之间的人机交互工具。机器人手持式编程器常被称为示教器。示教器的结构如图 1-5 所示，下面介绍它的功能。

图 1-5　示教器的结构

1—示教器线缆；2—触摸屏；3—机器人手动运行快捷按钮；
4—紧急停止按钮；5—可编程按键；6—手动操纵杆；
7—程序调试控制按钮；8—数据备份用 USB 接口；
9—使能器按钮；10—示教器复位按钮；11—触摸屏用笔

① 示教器线缆：与机器人控制柜连接，实现机器人动作控制。

② 触摸屏：示教器的操作界面显示屏。

③ 机器人手动运行快捷按钮：机器人手动运行时，运动模式的快速切换按钮（具体使用方法见 3.2.4）。

④ 紧急停止按钮：此按钮的功能与控制柜上的紧急停止按钮的功能相同。

⑤ 可编程按键：此按键的功能可根据需要自行配置，常用于配置数字量信号切换的快捷键（具体使用方法见 4.2.7）；不配置功能的情况下此按键无功能，按下按键没有任何效果。

⑥ 手动操纵杆：在机器人手动运行模式下，拨动此操纵杆可操纵机器人运动。

⑦ 程序调试控制按钮：可控制程序单步/连续调试，以及程序调试的开始和停止（具体使用方法见 5.2.2）。

⑧ 数据备份用 USB 接口：用于外接 U 盘等存储设备，传输机器人备份数据。

⑨ 使能器按钮：机器人手动运行时，按下使能器按钮，并保持电动机上电开启的状态，才可对机器人进行手动操纵与程序调试（具体使用方法见 1.2.2）。

⑩ 示教器复位按钮：使用此按钮可以解决示教器死机或示教器本身硬件引起的其他异常情况。

⑪ 触摸屏用笔：操作触摸屏的工具。

2. 示教器的"主菜单"界面

开机后示教器默认界面如图 1-6 所示，点击左上角的"主菜单"按钮，示教器界面切换为"主菜单"界面，如图 1-7 所示。

图 1-6　开机后示教器默认界面

图 1-7　"主菜单"界面

"主菜单"界面比较常用的选项包括输入输出、手动操纵、程序编辑器、程序数据、校准和控制面板，"主菜单"界面各选项功能说明见表 1-2。

⚠ 提示：在没有连接 USB 存储设备时，需要盖上 USB 接口的保护盖，如果接口暴露在灰尘中，机器人可能会发生故障！

⚠ 提示：触摸屏只可以用触摸笔或手指指尖操作，其他工具（如写字笔的笔尖、螺钉旋具尖部等）都不能操作触摸屏，否则会使触摸屏损坏！

微课
工业机器人示教器的安装

表 1-2 "主菜单"界面各选项功能说明

选项名称	说明
HotEdit	程序模块下轨迹点位置的补偿设置
输入输出	设置及查看 I/O 视图
手动操纵	动作模式设置、坐标系选择、操纵杆锁定及载荷属性更改，也可显示实际位置
自动生产窗口	在自动模式下直接调试程序并运行
程序编辑器	建立程序模块及例行程序
程序数据	选择编程时所需程序数据
备份与恢复	备份与恢复系统
校准	转数计数器和电动机校准
控制面板	示教器的相关设定
事件日志	查看系统出现的各种提示信息
FlexPendant 资源管理器	查看当前系统的系统文件
系统信息	查看控制柜及当前系统的相关信息
注销	注销用户，可进行用户的切换
重新启动	机器人的关机和重启

1.2.2 示教器的安全使用方法

1. 手持示教器的正确姿势

手持示教器的正确姿势为左手握示教器，四指穿过示教器绑带，松弛地按在使能器按钮上，如图 1-8 所示，右手进行屏幕和按钮的操作。

2. 使能器按钮的使用方法

使能器按钮是工业机器人为保证操作人员人身安全而设置的。当发生危险时，人会本能地将使能器按钮松开或抓紧，因此使能器按钮设置为两挡。

轻松按下使能器按钮时为按下使能器第一挡位，机器人将处于电动机上电开启状态，示教器界面显示如图 1-9 所示；用力按下使能器按钮时为按下使能器第二挡位，机器人处于电动机断电的防护状态，示教器界面显示如图 1-10 所示，机器人会马上停下来，保证安全。

微课

示教器的安全使用方法

图 1-8 手持示教器的正确姿势

图 1-9　按下使能器按钮第一挡位后示教器界面显示

图 1-10　按下使能器按钮第二挡位后示教器界面显示

　　正常使用机器人时只需在正确手持示教器的前提下，轻松按下使能器按钮即可，如图 1-11 所示。

图 1-11　使能器按钮的正常使用方法

1.2.3　任务操作——关闭工业机器人

1. 任务要求

通过操作示教器界面和控制柜按钮关闭机器人系统。

2. 任务实操

序号	操作步骤	示意图
1	工业机器人末端如装有快换工具，需在关机前先将末端工具取下，调整工业机器人至安全位姿	
2	按照图示，点击示教器界面左上角的"主菜单"按钮，然后点击"重新启动"按钮	
3	示教器弹出图示界面，点击左下角的"高级…"按钮	

微课

关闭工业机器人

拓展阅读

工业机器人系统运维员技能标准中的要求

拓展阅读

协作机器人的发展

续表

序号	操作步骤	示意图
4	在弹出的图示界面中，选中"关闭主计算机"单选项，然后点击"下一个"按钮，再次选中"关闭主计算机"单选项	
5	待示教器屏幕显示"controller has shut down"后，将控制柜电源开关由 ON 旋转至 OFF 的位置，如图所示。至此，工业机器人彻底关闭	

思考题答案

🦾 思考题

1. 填空题

① _____ 按钮可控制程序单步/连续调试，以及程序调试的开始和停止。

② _____ 用于外接 U 盘等存储设备，传输机器人备份数据。

③ _____ 选项是用于转数计数器和电动机校准的界面。

2. 判断题

① 手持示教器的正确姿势为左手握示教器，四指穿过示教器绑带，松弛地按在使能器按钮上，右手进行屏幕和按钮的操作。（ ）

② 用力按下使能器按钮时，机器人处于上电开启状态。（ ）

③ 使能器按钮的功能可根据需要自行配置，常用于配置数字量信号切换的快捷键。（ ）

项目评价

姓名				学号			
专业		班级		日期			
类别	项目	考核内容	得分	总分	评分标准	教师签名	
理论	知识准备（100分）	1. 工业机器人系统结构（20分）			根据掌握情况打分		
		2. 工业机器人的规格参数及安全操作区域（30分）					
		3. 控制柜的操作面板（20分）					
		4. 示教器的结构及操作界面（20分）					
		5. 示教器的安全使用方法（10分）					
技能	技能目标（75分）	1. 正确启动工业机器人系统（15分）			根据掌握情况打分		
		2. 正确使用示教器，切换使能器状态（15分）					
		3. 正确使用示教器，打开主菜单界面，进入重新启动界面（15分）					
		4. 正确使用示教器，关闭主计算机（15分）					
		5. 正确关闭工业机器人系统（15分）					
	任务完成质量（15分）	1. 掌握熟练程度（5分）			根据掌握情况打分		
		2. 准确率（5分）					
		3. 工作效率或完成任务速度（5分）					
	职业素养（10分）	1. 遵守操作规程，养成严谨科学的工作态度； 2. 尊重他人劳动，不窃取他人成果； 3. 规范操作，安全生产； 4. 严格执行5S现场管理			根据操作情况打分		

项目二　示教器操作环境的基本配置

　　在使用示教器操控工业机器人之前，可根据用户的使用习惯对示教器进行参数设置，如设置显示语言、系统时间等，使其操作环境更便于用户的使用。

　　本项目围绕示教器的操作环境基本配置工作展开，在掌握了前面内容中讲解的示教器结构及操作界面的基础上，结合高清图片及实例教学，进行示教器界面显示语言设置和系统时间设置，查看工业机器人的事件日志，根据用户使用需要，完成示教器的操作环境配置。

学习任务

- 任务 2.1　配置示教器的操作环境
- 任务 2.2　查看工业机器人的常用信息

学习目标

■ 知识目标
- 了解机器人常用信息在示教器上的显示位置及含义。

■ 技能目标
- 掌握示教器操作界面显示语言的设置方法。
- 掌握机器人系统时间的设置方法。
- 掌握示教器上机器人的常用信息和事件日志的查看方法。

■ 素养目标
- 培养严谨求实的工作态度。
- 培养踏实敬业的工作态度。
- 培养遵守组织纪律的意识。

示教器操作环境
的基本配置 —— 示教器操作环境

示教器操作界面 —— 显示语言

系统时间 —— 工作状态

常用信息 —— 系统信息
电动机状态
程序运行状态
当前机器人或外轴的使用状态

PPT

示教器的基本配置

任务 2.1 配置示教器的操作环境

示教器出厂时操作界面默认的显示语言为英语，设定为汉语既方便又能满足日常操作的需求。另外，在进行各种操作之前先将机器人的系统时间设定为本地时区的时间，方便进行文件管理和故障查阅。

⚠ 提示：使用示教器进行的所有参数设置和基础操作，都需在手动运行模式下进行，否则会出现"无法操作"的提示。

2.1.1 任务操作——设置示教器操作界面的显示语言

1. 任务要求

通过使用触摸屏用笔，在示教器上完成示教器操作界面显示语言的设置。

2. 任务实操

微课

示教器语言设置

序号	操作步骤	示意图
1	在手动运行模式下，点击示教器界面左上角的"主菜单"按钮	
2	在"主菜单"界面，点击"Control Panel"选项	

续表

序号	操作步骤	示意图
3	按照图示进入"Control Panel"界面，点击"Language"选项	
4	示教器弹出图示界面，点击"Chinese"，点击右下角的"OK"按钮	
5	在弹出的提示框中点击"Yes"按钮，示教器重新启动	

拓展阅读

机械臂助力我国载
人飞船任务

续表

序号	操作步骤	示意图
6	示教器重新启动后，点击示教器界面左上角的"主菜单"按钮，"主菜单"界面（如图所示）显示为中文	

2.1.2　任务操作——设置工业机器人的系统时间

1. 任务要求

通过使用触摸屏用笔，在示教器上完成机器人系统时间的设置。

2. 任务实操

序号	操作步骤	示意图
1	按照图示，点击示教器界面左上角的"主菜单"按钮	ABB Power and productivity for a better world™
2	在界面中找到"控制面板"选项，点击进入"控制面板"界面	HotEdit　备份与恢复　输入输出　校准　手动操纵　控制面板　自动生产窗口　事件日志　程序编辑器　FlexPendant 资源管理器　程序数据　系统信息　注销 Default User　重新启动

续表

序号	操作步骤	示意图
3	在"控制面板"界面中点击"日期和时间"选项	
4	进入"控制面板-日期和时间"界面进行设置，如图所示，根据需要完成设置后点击"确定"按钮即可	

思考题答案

思考题

1. 填空题

① 示教器出厂时操作界面默认的显示语言为_____。

② 使用示教器进行的所有参数设置和基础操作，都需在_____模式下进行，否则会出现"无法操作"的提示。

2. 简答题

① 示教器共有多少种显示语言？

② 如何选择合适的地域和时区，完成工业机器人系统时间的设置？

③ 工业机器人的环境配置是在"主菜单"界面的哪个选项中设置的？

PPT

机器人常用信息与
事件日志的查看

任务 2.2　查看工业机器人的常用信息

2.2.1　工业机器人工作状态的显示

示教器操作界面上的状态栏（图 2-1）显示机器人工作状态的信息，在操作过程中可以通过查看这些信息了解机器人当前状态以及存在的问题。常用信息如下：

① 机器人的工作状态，会显示手动、自动两种状态。

② 机器人系统信息。

③ 机器人电动机状态，按下使能器按钮第一挡位会显示电动机开启，松开或按下第二挡位会显示防护装置停止。

④ 机器人程序运行状态，显示程序的运行或停止。

⑤ 当前机器人或外轴的使用状态。

拓展阅读

工业机器人系统
操作员技能标准
中的要求 1

图 2-1　示教器操作界面上的状态栏

1—机器人的工作状态；2—机器人系统信息；3—机器人电动机状态；
4—机器人程序运行状态；5—当前机器人或外轴的使用状态

2.2.2　任务操作——查看工业机器人的事件日志

1. 任务要求

通过使用触摸屏用笔，在示教器上查看机器人的事件日志。

2. 任务实操

微课

机器人事件日志的
查看

序号	操作步骤	示意图
1	按照图示，点击示教器界面上方的状态栏	
2	点击状态栏之后即可进入"事件日志－公用"界面，该界面会显示出机器人运行的事件记录，包括日期和时间等，为分析相关事件和问题提供准确的信息	

思考题答案

思考题

1. 填空题

① 示教器操作界面上的状态栏显示机器人工作状态的信息，其中机器人的工作状态，会显示＿＿＿＿、＿＿＿＿两种状态。

② 单击示教器界面上方的＿＿＿＿，进入事件日志界面，会显示出机器人运行的事件记录。

2. 简答题

① 查看机器人的事件日志有什么作用？

② 示教器操作界面上的状态栏显示的机器人电动机状态共有哪几种？

项目评价

姓名				学号			
专业		班级		日期			
类别	项目	考核内容		得分	总分	评分标准	教师签名
理论	知识准备（100分）	1. 机器人的工作状态（20分）				根据掌握情况打分	
		2. 机器人系统信息（20分）					
		3. 机器人电动机状态（20分）					
		4. 机器人程序运行状态（20分）					
		5. 当前机器人或外轴的使用状态（20分）					
技能	技能目标（75分）	1. 掌握示教器操作界面显示语言的设置方法（25分）				根据掌握情况打分	
		2. 掌握机器人系统时间的设置方法（20分）					
		3. 掌握示教器上机器人常用信息的查看方法（15分）					
		4. 掌握示教器上机器人事件日志的查看方法（15分）					
	任务完成质量（15分）	1. 掌握熟练程度（5分）				根据掌握情况打分	
		2. 准确率（5分）					
		3. 工作效率或完成任务速度（5分）					
	职业素养（10分）	1. 遵守操作规程，养成严谨科学的工作态度； 2. 尊重他人劳动，不窃取他人成果； 3. 规范操作，安全生产； 4. 严格执行5S现场管理				根据操作情况打分	

项目三 工业机器人的手动运行

现代化的工业现场中工业机器人被广泛应用，搬运码垛、喷涂作业、焊接加工都是工业机器人的典型工艺应用。在各类工艺场景中，工业机器人得以执行各类复杂任务都是通过示教编程实现的，而点位的示教即编辑一般是通过工业机器人手动运行实现的。手动运行是工业机器人示教编程的基础，包含运行前的基础设置和手动操纵工业机器人进行定点运动，基础设置一般指运行模式的切换、运行速度的设置、坐标系的定义；操控工业机器人进行定点运动的方式包含单轴运动、线性运动和重定位运动。

本项目围绕工业机器人的手动运行工作任务展开，通过工业机器人运行模式认知、手动运行相关的菜单按钮认知、工业机器人系统中的坐标系等理论知识，结合高清图片和实例教学，设置工业机器人的运行模式，设置工业机器人的手动运行速度，实现工业机器人的单轴运动、线性运动和重定位运动，掌握操纵工业机器人手动运行的技能。

学习任务

- 任务 3.1 设置工业机器人的运行模式
- 任务 3.2 设置工业机器人的手动运行速度
- 任务 3.3 工业机器人的单轴运动
- 任务 3.4 工业机器人的线性运动和重定位运动

学习目标

■ 知识目标

- 了解工业机器人的不同运行模式和选择依据。
- 了解工业机器人手动运行快捷设置菜单按钮和手动运行快捷按钮。
- 了解六轴工业机器人的关节轴和坐标系。
- 了解线性运动和重定位运动。
- 了解工业机器人紧急停止后的恢复方法。
- 了解工具坐标系的定义方法和工具数据（tooldata）。

■ 技能目标

- 掌握工业机器人手动/自动运行模式的切换，以及增量模式的开/关快捷切换。

- 掌握操纵杆速率的设置，能使用增量模式调整机器人的步进速度。
- 掌握手动操纵工业机器人单轴运动的方法，能进行单轴运动模式的快捷切换。
- 掌握手动操纵工业机器人线性运动和重定位运动的方法。
- 掌握线性运动与重定位运动的快捷切换。
- 掌握 TCP 和 Z,X 法（$N=4$）设定工具坐标系并测试准确性的方法。
- 掌握工具数据（tooldata）的编辑方法。

■ 素养目标
- 培养安全与环保责任意识。
- 培养踏实敬业的工作态度。
- 培养遵守组织纪律的意识。

任务 3.1　设置工业机器人的运行模式

3.1.1　工业机器人的运行模式

本书所述工业机器人的运行模式有两种，分别为手动模式和自动模式。另有部分工业机器人的手动模式细分为手动减速模式和手动全速模式。

手动减速模式下，机器人的运行速度最高只能达到 250 mm/s；手动全速模式下，机器人将按照程序设置的运行速度 v 进行移动。在手动模式下，既可以单步运行例行程序，又可以连续运行例行程序，运行程序时需一直手动按下使能器按钮。

在自动模式下，按下机器人控制柜上电按钮后无须再手动按下使能器按钮，机器人依次自动执行程序语句并以设定的速度移动。

3.1.2　工业机器人运行模式的选择

在手动模式下，可以进行机器人程序的编写、调试，示教点的重新设置等。机器人在示教编程的过程中，只能采用手动模式。在手动模式下，可以有效地控制机器人的运行速度和范围。在手动全速模式下运行程序时，应确保所有人员均处于安全保护空间（机器人运动范围之外）。

完成编写机器人程序，在手动模式下例行程序调试正确后，才可选择使用自动模式。在生产中大都采用自动模式。

3.1.3　任务操作——工业机器人手动/自动运行模式的切换

1. 任务要求

掌握工业机器人运行模式的切换方法。

2. 任务实操

序号	操作步骤	示意图
1	在手动模式下调试好的程序，可以在自动模式下运行（图示为手动模式下机器人的状态信息）	

续表

序号	操作步骤	示意图
2	在手动模式下，模式开关状态如图所示，此时上电指示灯闪亮	
3	转动模式开关到自动模式	
4	在示教器显示的图示界面中点击"确定"按钮	
5	按下上电按钮，电动机上电后即可运行程序，此时上电指示灯常亮	

拓展阅读

工匠精神与制造强国

续表

序号	操作步骤	示意图
6	在自动模式下，机器人的状态信息如图所示	
7	在自动模式下切换到手动模式，只需将模式开关转回图示的手动模式，此时上电指示灯闪亮	

 思考题

思考题答案

1. 填空题

① 工业机器人的运行模式主要分为_____和_____两种。

② 手动模式下，可以进行机器人程序的_____、_____和_____等。

③ _____模式下，按下机器人控制柜上电按钮后无须再手动按下使能器按钮，机器人依次自动执行程序语句并以设定的速度移动。

2. 简答题

① 工业机器人运行模式的选择依据是什么？

② 如何将工业机器人从自动模式切换到手动模式？

任务 3.2　设置工业机器人的手动运行速度

机器人在手动模式下移动时有两种运动模式：默认模式和增量模式。

　　在默认模式下，手动操纵杆的拨动幅度越小，则机器人的运动速度越慢；幅度越大，则机器人的运动速度越快，默认模式的机器人最大运行速度的高低可以在示教器上进行调节。由于在默认模式下，如果使用手动操纵杆控制机器人运动速度不熟练，会致使机器人运动速度过快而造成示教位置不理想，甚至与周边设备发生碰撞，所以建议初学者在手动运行默认模式下操作机器人时应将机器人最大运行速度调低，具体方法见 3.2.2。

　　在增量模式下，操纵杆每偏转一次，机器人移动一步（一个增量）；如果操纵杆偏转持续一秒或数秒，机器人将持续移动且速率为每秒 10 步。可以采用增量模式对机器人位置进行微幅调整和精确的定位操作。增量移动幅度（见表 3-1）在小、中、大之间选择，也可以自定义增量移动幅度。增量模式的设置方法见 3.2.3。

表 3-1　增量移动幅度

增量移动幅度	距离	角度
小	0.05 mm	0.006°
中	1 mm	0.023°
大	5 mm	0.143°
用户	自定义	自定义

3.2.1　工业机器人手动运行快捷设置菜单按钮

　　手动运行快捷设置菜单按钮如图 3-1 所示，位于示教器右下角，点击此按钮则系统进入如图 3-2 所示界面。此快捷设置菜单按钮方便操作机器人时快速地对手动运行状态下的常用参数进行修改。

图 3-1　手动运行快捷设置菜单按钮

　　① 手动操纵：设置坐标系（如工具坐标系、基坐标系、工件坐标系等）、增量的大小、杆速率以及运动方式。

图 3-2   快捷设置菜单按钮界面

1—手动操纵；2—增量；3—运行模式；4—步进模式；
5—速度；6—停止/启动任务

② 增量：修改增量的大小，自定义增量的数值大小以及控制增量的开/关。

③ 运行模式：设置例行程序的运行方式，分别为单周和连续。

④ 步进模式：设置例行程序以及指令的执行方式，分别为步进入、步进出、跳过和下一移动指令。

⑤ 速度：设置机器人的运行速度。

⑥ 停止/启动任务：要停止和启动的任务（多机器人协作处理任务时）。

3.2.2   任务操作——操纵杆速率的设置

微课

操纵杆速率的设置

1. 任务要求

通过使用触摸屏用笔，在示教器上对操纵杆速率进行设置。

2. 任务实操

序号	操作步骤	示意图
1	点击示教器界面右下角的手动运行快捷设置菜单按钮	

续表

序号	操作步骤	示意图
2	点击右上角的"手动操纵"按钮	
3	点击图示框内的"显示详情"按钮	
4	"显示详情"界面展开,左下角位置框内显示操纵杆速率	

续表

序号	操作步骤	示意图
5	使用触摸屏用笔点击"+""-"按钮可以增大、减小操纵杆速率	

3.2.3　任务操作——使用增量模式调整步进速度

 微课

使用增量模式调整
机器人步进速度

1. 任务引入

当增量模式选择"无"时，工业机器人运行速度与手动操纵杆的幅度成正比；选择增量的大小后，运行速度是稳定的，所以可以通过调整增量大小来控制机器人的步进速度。

2. 任务要求

通过设置增量模式下增量的大小，调整工业机器人步进速度。

3. 任务实操

序号	操作步骤	示意图
1	点击示教器界面右下角的手动运行快捷设置菜单按钮	

续表

序号	操作步骤	示意图
2	点击右上角所框选的"增量"按钮	
3	系统打开"增量"菜单	
4	点击"显示值"按钮可以展开"增量"菜单界面	

续表

序号	操作步骤	示意图
5	展开后的"增量"菜单界面如图所示,可以看到增量数值的大小和单位	
6	改变增量模式,增量数值也会随之变化;选择的单位改变,增量数值的单位也随之改变(图示为"小"选项对应的数据)	
7	在工业机器人操作中,可以选择不同的增量大小,来设置工业机器人的步进速度。增量越大,机器人运动越快;反之则运动越慢(图示为"大"选项对应的数据)	

3.2.4 工业机器人手动运行快捷按钮

　　与手动运行的快捷设置菜单按钮相似，机器人生产厂商通常会将一些常用的功能集成到某些按钮上。手动运行快捷按钮（图 3-3）集成了机器人手动运行状态下十分常用的 4 个参数修改设置功能。下面介绍这 4 个按钮的具体功能。

图 3-3　手动运行快捷按钮

　　① 选择机械单元按钮：更改到下一机械单元，是循环的步骤。

　　② 线性/重定位运动快捷切换按钮：实现线性运动与重定位运动之间的快捷切换（具体操作见 3.4.5）。

　　③ 单轴运动轴 1-3/轴 4-6 快捷切换按钮：实现轴 1-3 与轴 4-6 之间的快捷切换（具体操作见 3.3.3）。

　　④ 增量开/关快捷切换按钮：实现增量模式的开/关快捷切换（具体操作见 3.2.5）。

3.2.5 任务操作——增量模式的开/关快捷切换

1. 任务要求

使用快捷按钮，实现增量模式与默认模式间的切换。

2. 任务实操

序号	操作步骤	示意图
1	在示教器显示屏幕一侧的手动运行快捷按钮中找到增量开/关快捷切换按钮，如图所示	

续表

序号	操作步骤	示意图
2	注意图示右下角的快捷设置菜单按钮显示，此时增量模式为"无增量"	
3	按下增量开/关快捷切换按钮，观察图示右下角的快捷设置菜单按钮显示，此时增量模式为"大增量"，即完成了增量模式的开/关快捷切换	
4	增量模式开/关的快捷切换，除了使用此快捷按钮之外，还可以依次点击手动运行快捷设置菜单按钮、"手动操纵"按钮、"显示详情"按钮，再在展开的"显示详情"界面中点击"增量"按钮	

思考题

1. 填空题

① 机器人在手动模式下移动时有两种运动模式：_____和_____。

② 单击快捷设置菜单按钮界面中的_____，可以设置机器人、坐标系、增量的大小、杆速率以及运动方式。

思考题答案

③ 按下手动运行快捷按钮中的_____按钮可以实现线性运动与重定位运动之间的快捷切换。

2. 判断题

① 默认模式下，手动操纵杆的拨动幅度越小，则机器人的运动速度越慢；幅度越大，则机器人的运动速度越快。（　　）

② ABB 机器人的增量移动幅度仅可在"小""中""大"之间进行选择。（　　）

任务 3.3　工业机器人的单轴运动

3.3.1　六轴工业机器人的关节轴

机器人本体包含 6 个关节轴，如图 3-4 所示。机器人通过 6 个伺服电动机分别驱动机器人的 6 个关节轴，每个轴可以单独运动，且都有规定的运动正方向。机器人各个关节轴运动方向如图 3-5 所示。工业机器人在出厂时，对各关节轴的机械零点进行了设定，对应着机器人本体上六个关节轴同步标记，该零点作为各关节轴运动的基准。机器人的关节坐标系是各关节独立运动时的参考坐标系，以各关节轴的机械零点和规定的运动方向为基准。

PPT
单轴运动的手动操纵

微课
手动操纵工业机器人单轴运动

图 3-4　关节轴　　　　　　　　图 3-5　关节轴运动方向

3.3.2　任务操作——手动操纵工业机器人单轴运动

1. 任务要求

使用手动操纵杆操纵机器人进行单轴运动。

2. 任务实操

序号	操作步骤	示意图
1	点击示教器左上角"主菜单"按钮进入主界面，选择"手动操纵"选项	
2	在"手动操纵"属性界面，点击"动作模式"选项	
3	动作模式有 4 种，其中"轴 1 - 3"和"轴 4-6"均为单轴运动，分别可以操纵轴 1-3 和轴 4-6 的运动	

序号	操作步骤	示意图
4	选择"轴1-3",然后点击"确定"按钮,就可以对机器人轴1-3进行操作;选择"轴4-6",然后点击"确定"按钮,就可以对机器人轴4-6进行操作(图示为选择"轴1-3"进行操作)	
5	按下使能器按钮,并在状态栏中确认已经正确进入"电机开启"状态	
6	操纵机器人示教器上的手动操纵杆,完成单轴运动。图示右下角显示的是轴1-3的操纵杆方向,箭头方向代表正方向,表示操纵杆向所示方式拨动,机器人运动方向为对应轴的正方向	

3.3.3　任务操作——单轴运动轴 1-3 与轴 4-6 的快捷切换

1. 任务要求

使用手动运行快捷按钮，完成单轴运动轴 1-3 与轴 4-6 的快捷切换。

2. 任务实操

微课

单轴运动轴 1-3 与
轴 4-6 的快捷切换

序号	操作步骤	示意图
1	在示教器主界面侧边的手动运行快捷按钮中找到单轴运动轴 1-3/轴 4-6 快捷切换按钮，此时右下角手动运行快捷设置菜单按钮显示为"1/3"	
2	按下单轴运动轴 1-3/轴 4-6 快捷切换按钮，完成单轴运动的切换。此时右下角显示的"1/3"变换为"4/6"，表示已完成单轴运动轴 1-3 到轴 4-6 的快捷切换，如图所示。再次按下此快捷按钮，则切换回轴 1-3	
3	轴 1-3 与轴 4-6 之间的切换，除了可以使用此快捷按钮之外，还可以依次点击手动运行快捷设置菜单按钮、"手动操纵"按钮、"显示详情"按钮，再在展开的"显示详情"界面中选择图示按钮进行切换	

思考题答案

思考题

1. 填空题

① ABB IRB 120 型机器人通过 6 个_____分别驱动机器人的 6 个关节轴，每个轴可以单独运动，且都有规定的运动正方向。

② 机器人的_____坐标系是各关节独立运动时的参考坐标系，以各关节轴的机械零点和规定的运动方向为基准。

③ 在图 3-6 中标记出 ABB IRB 120 型机器人 1 轴、5 轴和 6 轴的运动正负方向。

图 3-6　ABB IRB 120 型机器人关节轴

2. 简答题

① 如何快速切换不同关节轴之间的运动？

② ABB IRB 120 型机器人的动作模式有哪几种？

PPT

坐标系的定义及机器人坐标系的分类

任务 3.4　工业机器人的线性运动和重定位运动

3.4.1　工业机器人使用的坐标系

机器人坐标系是从一个被称为原点的固定点通过轴定义的平面或空间。机器人的目标位置是通过沿坐标系轴的测量来定位的。在机器人系统中可使用若干坐标系，每一坐标系都适用于特定类型的控制或编程。机器人系统常用的坐标系有大地坐标系、基坐标系、工具坐标系和工件坐标系，它们都属于笛卡儿坐标系。

1. 大地坐标系

大地坐标系在机器人的固定位置有其相应的零点，是出厂时默认的，一般位于机器人底座上。大地坐标系有助于处理多台机器人或由外轴移动的机器人。

2. 基坐标系

基坐标系一般位于机器人基座，是便于机器人本体从一个位置移动到另一个位置的坐标系（常用于机器人扩展轴）。在默认情况下，大地坐标系与基坐标系是一致的，如图 3-7 所示。一般地，当操作人员正向面对和操纵机器人在基坐标系下线性运动时，操纵杆向前和向后使机器人沿 X 轴移动；操纵杆向两侧使机器人沿 Y 轴移动；旋转操纵杆使机器人沿 Z 轴移动。

图 3-7　基坐标系的位置

3. 工具坐标系

工具坐标系（tool center point frame，TCPF）将机器人第 6 轴法兰盘上携带工具的参照中心点设为坐标系原点，创建一个坐标系，该参照点称为 TCP（tool center point），即工具中心点。TCP 与机器人携带的工具有关，机器人出厂时末端未携带工具，此时机器人默认的 TCP 为第 6 轴法兰盘中心点。

工具坐标系的方向也与机器人携带的工具有关，一般定义为，工具坐标系的 X 轴与工具的工作方向一致。

机器人出厂默认的工具坐标系如图 3-8 所示。新工具坐标系（图 3-9）的位置是默认工具坐标系的偏移值。

工件坐标系详见 5.2.8。

图 3-8　默认工具坐标系

图 3-9　新工具坐标系

3.4.2　线性运动与重定位运动

机器人的线性运动是指 TCP 在空间中沿坐标轴做线性运动。当需要 TCP 在直线上移动时，选择线性运动是最快捷的。

机器人的重定位运动是指 TCP 在空间中绕着坐标轴旋转的运动，也可以理解为机器人绕着 TCP 做姿态调整的运动。所以机器人在某一平面上调整姿态时，选择重定位运动是最快捷的。

3.4.3　任务操作——手动操纵工业机器人线性运动

1. 任务引入

在手动操纵机器人进行线性运动的过程中，可以根据需求选择不同工具对应的坐标系。在默认情况下，选择基坐标系作为 TCP 移动方向的基准。在机器人末端没有工具（没有新建工具坐标系）的情况下，使用出厂时默认的工具坐标系"tool0"。

2. 任务要求

用手动操纵杆使工业机器人做线性运动。

3. 任务实操

序号	操作步骤	示意图
1	点击示教器左上角的"主菜单"按钮	
2	选择"手动操纵"选项	

续表

序号	操作步骤	示意图
3	点击"动作模式"选项	
4	在图示界面中选择"线性",然后点击"确定"按钮	
5	在"坐标系"选项中选择基坐标系,再在"工具坐标"选项中指定对应的工具坐标(没有安装工具时,使用系统默认的"tool0")	

续表

序号	操作步骤	示意图
6	如果机器人末端装有工具，需选中对应的工具。本任务中按照图示，选择工具"tool1"（建立工具坐标系的方法见3.4.9），点击"确定"按钮	（手动操纵－工具界面示意图，当前选择：tool1；工具名称 tool0 模块 RAPID/T_ROB1/BASE 范围 全局；tool1 RAPID/T_ROB1/user 任务）
7	用手按下使能器按钮，并在状态栏中确认已正确进入"电机开启"状态，如图所示；用手动操纵杆使机器人在所选坐标系X、Y、Z轴方向上做线性运动	（手动操纵界面示意图：机械单元 ROB_1...；绝对精度 Off；动作模式 线性；坐标系 基坐标...；工具坐标 tool1...；工件坐标 wobj0...；有效载荷 load0...；操纵杆锁定 无...；增量 无...；位置 坐标中的位置 WorkObject X:791.34 mm Y:172.87 mm Z:439.85 mm q1:0.37099 q2:-0.13527 q3:0.91555 q4:-0.07644）

3.4.4　任务操作——手动操纵工业机器人重定位运动

1. 任务引入

在手动操纵机器人进行重定位运动的过程中，可以根据需要选择不同工具对应的坐标系。在没有选择更改坐标系的情况下，系统默认为工具坐标系。在机器人末端没有工具（没有新建工具坐标系）的情况下，机器人使用出厂时默认的工具坐标系"tool0"。

2. 任务要求

用手动操纵杆使工业机器人做重定位运动。

3. 任务实操

PPT
重定位运动的手动操纵

微课
手动操纵工业机器人重定位运动

序号	操作步骤	示意图
1	点击示教器左上角的"主菜单"按钮	
2	选择"手动操纵"选项	
3	点击"动作模式"选项	

续表

序号	操作步骤	示意图
4	在"手动操纵-动作模式"界面选择"重定位",然后点击"确定"按钮	
5	设置机器人的重定位运动,首先在"坐标系"选项中选择所需坐标系,再在"工具坐标"选项中指定对应的工具坐标	
6	如果机器人末端装有工具,需选中对应的工具。本任务中选择工具"tool1"(没有安装工具时,使用系统默认的"tool0"),点击"确定"按钮	

续表

序号	操作步骤	示意图
7	用手按下使能器按钮，并在状态栏中确认已正确进入"电机开启"状态，用手动操纵杆使机器人在所选坐标系 X、Y、Z 轴方向上做重定位运动	

3.4.5　任务操作——线性运动与重定位运动的快捷切换

1. 任务要求

使用手动运行快捷按钮，实现线性运动与重定位运动的快捷切换。

2. 任务实操

序号	操作步骤	示意图
1	在示教器显示屏右侧的手动运行快捷按钮中，找到线性/重定位运动快捷切换按钮	
2	此时，在图示右下角手动运行快捷设置菜单按钮上，运动模式显示为线性运动	

续表

序号	操作步骤	示意图
3	按下线性/重定位运动快捷切换按钮，观察右下角手动运行快捷设置菜单按钮，此时运动模式显示为重定位运动，即完成了线性/重定位运动的快捷切换	
4	除了使用此快捷按钮之外，还可以依次点击手动运行快捷设置菜单按钮、"手动操纵"按钮、"显示详情"按钮，再在展开的"显示详情"界面中点击相应运动模式的按钮，即可完成线性运动与重定位运动的快捷切换	

PPT

机器人的停止机制

3.4.6　工业机器人紧急停止后的恢复方法

在手动操纵机器人的过程中，操作者因为操作不熟练引起碰撞或者发生其他突发状况时，应按下紧急停止按钮，启动机器人安全保护机制，紧急停止机器人。此时，机器人停止的位置可能处于空旷区域，也有可能被堵在障碍物之间。如果机器人处于空旷区域，可以选择再次手动操纵机器人，运动到安全位置。如果机器人被堵在障碍物之间，在障碍物容易移动的情况下可以直接移开它们，再手动操纵机器人运动到安全位置。如果周围障碍物不易移动，也很难直接手动操纵机器人到安全位置，那么可以选择按住制动闸释放按钮，手动移动机器人到安全位置。操作方法为：第一人先托住机器人（图3-10），第二人按住制动闸释放按钮（图3-11），电动机抱死状态解除后，第一人托住机器人并移动到安全位置后，第二人松开制动闸释放按钮。然后松开紧急停止按钮，按上电按钮，机器人系统恢复到正常工作状态。

图 3-10　机器人的托扶

图 3-11　按住制动闸释放按钮

在此需要注意的是,在紧急停止按钮按下的状态下,机器人处于急停状态中无法执行动作。在操纵其运动前,需要复位紧急停止按钮。急停复位后,便可手动操纵机器人到达安全位置。

⚠ 提示:此操作需要两人协作,在将机器人移动到安全位置的过程中,需持续按住制动闸释放按钮。

3.4.7　工具坐标系的定义方法

为了让机器人以用户需要的坐标系原点和方向为基准来运动,用户可以自定义工具坐标系。工具坐标系(参考 3.4.1)定义即定义工具坐标系的中心点 TCP 及坐标系各轴方向,其设定方法包括 N 点法($3 \leqslant N \leqslant 9$)、TCP 和 Z 法、TCP 和 Z,X 法。

① N 点法($3 \leqslant N \leqslant 9$):机器人工具的 TCP 通过 N 种不同的姿态同固定参考点接触,得出多组解,通过计算得出当前 TCP 与机器人安装法兰中心点(默认 TCP)的相对位置,其坐标系方向与默认工具坐标系(tool0)一致。

② TCP 和 Z 法:在 N 点法基础上,增加 Z 轴方向上的点与参考点的连线为坐标系 Z 轴的方向,改变了默认工具坐标系的 Z 轴方向。

③ TCP 和 Z,X 法:在 N 点法基础上,增加 X 轴方向上的点与参考点的连线为坐标系 X 轴的方向,Z 轴方向上的点与参考点的连线为坐标系 Z 轴的方向,改变了默认工具坐标系的 X 和 Z 轴方向。

本书所述机器人设定工具坐标系的方法通常采用 TCP 和 Z,X 法($N=4$)。其设定方法如下:

① 在机器人工作范围内找一个精确的固定点作为参考点。

② 在工具上确定一个参考点(此点作为工具坐标系的 TCP,最好是工具的中心点)。

③ 手动操纵机器人,以四种不同的姿态将工具上的参考点尽可能与固定点刚好重合接触。机器人前三个点的姿态相差尽量大些,这样有利于 TCP 精度的提高。为了获得更准确的 TCP,第四点处姿态最好是工具参考点、固定点、工具中心点共线,第五点是工具参考点从固定点向将要设定为 TCP 的 X 轴方向移动,第六点是工具参考点从固定点向将要设定为 TCP 的 Z 轴方向移动。

④ 机器人通过这几个位置点的位置数据确定工具坐标系 TCP 的位置和坐

📱 拓展阅读

工业机器人系统操作员技能标准中的要求 3

标系的方向数据，然后将工具坐标系的这些数据保存在数据类型为 tooldata 的程序数据中，被程序调用。

在后文 3.4.9 中详细介绍了使用 TCP 和 Z, X 法(N=4)进行工具坐标系设定的操作方法。

PPT

工具 tooldata 的
设定

3.4.8　工具数据

工具数据（tooldata）是机器人系统的一个程序数据类型，用于定义机器人的工具坐标系，出厂默认的工具坐标系数据被存储在命名为"tool0"的工具数据中，编辑工具数据可以对相应的工具坐标系进行修改（具体操作见 3.4.10）。如图 3-12 所示是设定 tooldata 的示教器界面，其中对应的设置参数见表 3-2。使用预定义方法，即 3.4.7 介绍的几种方法设定工具坐标系时，在操纵机器人过程中，系统自动将表中数值填写到示教器中。如果已知工具的测量值，则可以在设定 tooldata 的示教器界面中对应的设置参数下输入这些数值，以设定工具坐标系。

图 3-12　设定 tooldata 的示教器界面

表 3-2　tooldata 参数 tframe 数值表

名称	参数	单位
工具中心点的笛卡儿坐标	tframe. trans. x	mm
	tframe. trans. y	
	tframe. trans. z	
工具的框架定向（必要情况下需要）	tframe. rot. q1	无
	tframe. rot. q2	
	tframe. rot. q3	
	tframe. rot. q4	
工具质量	tload. mass	kg

续表

名称	参数	单位
工具重心坐标（必要情况下需要）	tload. cog. x	mm
	tload. cog. y	
	tload. cog. z	
力矩轴的方向（必要情况下需要）	tload. aom. q1	无
	tload. aom. q2	
	tload. aom. q3	
	tload. aom. q4	
工具的转动惯量（必要情况下需要）	tload. ix	kg · m²
	tload. iy	
	tload. iz	

3.4.9　任务操作——建立工具坐标系并测试准确性

微课

工具坐标系的设定

1. 任务引入

在工业机器人的编程中，可以根据需求选择不同工具对应的坐标系。在没有选择更改坐标系的情况下，系统默认为工具坐标系。在机器人末端没有工具（没有新建工具坐标系）的情况下，工具坐标系默认为机器人出厂时初始的工具坐标系"tool0"。在本任务操作中，介绍工具坐标系的新建以及 TCP 和 Z,X 法（$N=4$）的标定，并检测新工具坐标系的准确性。

2. 任务要求

操作手动操纵杆，选择合适的运动方式，完成 TCP 和 Z,X 法设定工具坐标系以及准确性的测试。

3. 任务实操

序号	操作步骤	示意图
1	点击示教器左上角的"主菜单"按钮	手动　System3 (BESETOP-HVBCGPB)　防护装置停止　已停止（速度 100%） ABB　Power and productivity for a better world™ 2GR_1　1/3

续表

序号	操作步骤	示意图
2	点击"手动操纵"选项，即可进入"手动操纵"界面	
3	在"手动操纵"界面中点击"工具坐标"选项，即可进入"手动操纵-工具"界面	
4	点击"新建…"按钮，即可进入"新数据声明"界面，新建工具坐标系	

续表

序号	操作步骤	示意图
5	在"新数据声明"界面中，如需更改名称，点击"名称"后面的"…"按钮，系统会弹出键盘，用户可自行定义名称，然后根据需求对工具数据属性进行设定（一般为默认，无须更改），最后点击右下角的"确定"按钮即可建立工具坐标系	
6	新建工具坐标系，还可以点击"主菜单"按钮。在主界面点击"程序数据"选项，即可进入"程序数据-已用数据类型"界面	
7	选择"tooldata"，点击"显示数据"按钮，系统进入"数据类型：tooldata"界面	

续表

序号	操作步骤	示意图
8	点击图示"新建…"按钮，系统弹出"新数据声明"界面，如需更改名称，点击"名称"后面的"…"按钮，系统会弹出键盘，可自行定义名称，然后对工具数据属性进行设定，最后点击"确定"按钮建立工具坐标系	
9	选中新建的"tool1"，点击"编辑"菜单，然后点击"定义…"命令，进入下一步	
10	在定义方法中选择"TCP 和 Z, X"来设定 TCP，其中"TCP（默认方向）"即为只修改 TCP，不修改坐标系方向，"TCP 和 Z"即为只修改 TCP 和 Z 轴方向	

续表

序号	操作步骤	示意图
11	按下示教器使能器按钮，操纵机器人以任意姿态使工具参考点（即笔尖）靠近并接触放置于 3D 轨迹板上的 TCP 参考点（即尖锥尖端），然后把当前位置作为第 1 点	
12	在示教器操作界面选中"点 1"，然后点击"修改位置"按钮，保存当前位置	
13	操纵机器人变换另一种姿态，使工具参考点（即笔尖）靠近并接触放置于 3D 轨迹板上的 TCP 参考点（即尖锥尖端），把当前位置作为第 2 点	

⚠ 提示：机器人姿态变化越大，则越有利于 TCP 的标定。

续表

序号	操作步骤	示意图
14	在示教器界面选中"点 2"，然后点击"修改位置"按钮，保存当前位置	
15	操纵机器人再变换一种姿态，使工具参考点（即笔尖）靠近并接触放置于 3D 轨迹板上的 TCP 参考点（即尖锥尖端），把当前位置作为第 3 点。选中"点 3"，点击"修改位置"按钮，保存当前位置	
16	操纵机器人使工具参考点接触并垂直于固定参考点，把当前位置作为第 4 点	

续表

序号	操作步骤	示意图
17	在示教器操作界面选中"点4"，然后点击"修改位置"按钮，保存当前位置	
18	以第4点的姿态和位置为起始点，在线性模式下，操纵机器人向前移动一定距离，作为 X 轴的负方向，即 TCP 到固定参考点的方向为+X	
19	按照图示选中"延伸器点 X"，然后点击"修改位置"按钮，保存当前位置（使用其余方法设定 TCP 时不用设定此点）	

⚠ 提示：前3个点姿态为任取，第4点最好为垂直姿态，方便第5点和第6点的获取。

续表

序号	操作步骤	示意图
20	以第 4 点为固定点，在线性模式下，操纵机器人向上移动一定距离，作为 Z 轴负方向，即 TCP 到固定参考点的方向为+Z	
21	选中"延伸器点Z"，然后点击"修改位置"按钮，保存当前位置（使用其余方法设定 TCP 时不用设定此点）	
22	点击"确定"按钮，完成 TCP 定义	

续表

序号	操作步骤	示意图
23	机器人自动计算TCP的标定误差，当平均误差（如图所示）本案例处在 0.5 mm 以内时，才可点击"确定"按钮进入下一步，否则需要重新标定 TCP	
24	选中"tool1"，接着点击"编辑"菜单，然后点击"更改值…"命令，进入下一步	
25	点击图示右下角三角形按钮，可进行翻页（单三角翻行，双三角翻页）找到参数"mass"，其含义为对应工具的质量（参考3.4.8），单位为 kg，本任务中将"mass"的值更改为"0.5"，点击"mass"选项，在弹出的键盘中输入0.5，点击"确定"按钮	

⚠ 提示：建议建立工具坐标系后先修改工具质量再进行定义，否则容易报错。

续表

序号	操作步骤	示意图
26	参数 tload. cog. x、tload. cog. y、tload. cog. z（参考 3.4.8）代表工具重心基于 tool0 的偏移量，单位为 mm。在本任务中（如图所示），将 z 的值更改为 "38"，然后点击 "确定" 按钮，返回 "手动操纵-工具" 界面	
27	选中新标定的工具坐标系 "tool1"，点击 "确定" 按钮，返回 "手动操纵" 界面，完成工业机器人工具坐标系的设定	
28	在 "手动操纵" 界面点击 "动作模式" 选项，进入下一步	

续表

序号	操作步骤	示意图
29	在"手动操纵–动作模式"界面选择"重定位",然后点击"确定"按钮	
30	点击"坐标系"选项,进入"手动操纵–坐标系"界面,选择"工具"选项,然后点击"确定"按钮	
31	按下使能器按钮,用手拨动机器人手动操纵杆,检测机器人是否围绕新标定的 TCP 运动。如果机器人围绕新标定的 TCP 运动,则 TCP 标定成功;如果机器人没有围绕新标定的 TCP 运动,则需要重新标定。然后切换机器人至线性动作模式,操纵机器人 TCP 沿 Z, X 轴运动,测试坐标轴方向准确性,如方向一致则标定成功,否则需要重新标定	

3.4.10　任务操作——编辑工具数据

1. 任务要求

掌握手动编辑工具数据（tooldata）的方法。

2. 任务实操

序号	操作步骤	示意图
1	方法一：在"手动操纵"界面下新建工具坐标系时，点击图示左下角的"初始值"按钮，进入工具数据 tooldata 参数界面，翻页可看到所有 tframe 数值（见表 3-2）	手动　System3 (DESKTOP-HVRCOF8)　电机开启　已停止（速度 80%） 新数据声明 数据类型：tooldata　　当前任务：T_ROB1 名称：tool11 范围：任务 存储类型：可变量 任务：T_ROB1 模块：MainModule 例行程序：〈无〉 维数：〈无〉 初始值　　确定　取消 ROB_1　1/3
2	使用触摸屏用笔点击相应的 tframe 数值即可对工具数据进行修改，点击右下角按钮可翻动（单三角翻行，双三角翻页）	手动　System3 (DESKTOP-HVRCOF8)　电机开启　已停止（速度 80%） 编辑 名称：tool11 点击一个字段以编辑值。 名称　值　数据类型　1 到 6 共 26 tool11 := 　[TRUE,[[0,0,0],[1,0,0...　tooldata robhold := 　TRUE　bool tframe: 　[[0,0,0],[1,0,0,0]]　pose trans: 　[0,0,0]　pos x := 　0　num y := 　0　num 确定　取消 ROB_1　1/3
3	方法二：在建立好的工具坐标系列表中选择对应的工具，点击"编辑"菜单，选择"更改值…"命令，进入 tooldata 参数界面，对数据进行编辑	手动　System3 (DESKTOP-HV/BCOF8)　电机开启　已停止（速度 80%） 手动操纵 - 工具 当前选择：tool1 从列表中选择一个项目。 工具名称　模块　范围 1 到 2 共 tool10　RAPID/T_ROB1/BASE　全局 tool11 　…/MainModule　任务 更改值… 更改声明… 复制 删除 定义… 新建…　编辑　确定　取消 ROB_1　1/3

思考题

1. 填空题

① 机器人系统常用的坐标系有_____、_____、_____和_____。

② 机器人的_____运动是指 TCP 在空间中沿坐标轴做线性运动。

机器人的_____运动是指 TCP 在空间中绕着坐标轴旋转的运动，也可以理解为机器人绕着 TCP 做姿态调整的运动。

③ 在_____按下的状态下，机器人处于急停状态，无法执行动作。

2. 判断题

① 机器人系统常用的坐标系有大地坐标系、基坐标系、工具坐标系和工件坐标系，它们都属于笛卡儿坐标系。　　　　　　　　　　（　　）

② 在默认情况下，大地坐标系与工具坐标系是一致的。　（　　）

③ tooldata 是机器人系统的一个程序数据类型，用于定义机器人的工件坐标系。　　　　　　　　　　　　　　　　　　　　（　　）

项目评价

姓名				学号			
专业		班级			日期		
类别	项目	考核内容		得分	总分	评分标准	教师签名
理论	知识准备（100 分）	1. 工业机器人运行模式的种类和选择依据（15 分）				根据掌握情况打分	
		2. 工业机器人手动运行快捷设置菜单按钮和手动运行快捷按钮的功能（15 分）					
		3. 六轴工业机器人系统的关节轴和坐标系种类（20 分）					
		4. 工业机器人线性运动和重定位运动的特点（15 分）					
		5. 工业机器人紧急停止功能以及紧急停止后的恢复方法（15 分）					
		6. 工具坐标系的定义方法和工具数据（tooldata）参数功能（20 分）					

续表

类别	项目	考核内容	得分	总分	评分标准	教师签名
技能	技能目标（75分）	1. 掌握切换工业机器人手动/自动运行模式的方法（10分）			根据掌握情况打分	
		2. 掌握设置操纵杆速率的方法、使用增量模式调整机器人步进速度的方法（10分）				
		3. 掌握增量模式的开/关快捷切换的方法（10分）				
		4. 掌握手动操纵工业机器人单轴运动的方法，能进行单轴运动模式的快捷切换（10分）				
		5. 掌握手动操纵工业机器人线性运动和重定位运动的方法，并可以实现线性运动与重定位运动的快捷切换（15分）				
		6. 掌握建立工具坐标系并测试准确性的方法（10分）				
		7. 掌握工具数据（tooldata）的编辑方法（10分）				
	任务完成质量（15分）	1. 掌握熟练程度（5分）			根据掌握情况打分	
		2. 准确率（5分）				
		3. 工作效率或完成任务速度（5分）				
	职业素养（10分）	1. 遵守操作规程，养成严谨科学的工作态度； 2. 尊重他人劳动，不窃取他人成果； 3. 规范操作，安全生产； 4. 严格执行5S现场管理			根据操作情况打分	

项目四　工业机器人的 I/O 通信设置

随着智能制造产业的迅猛发展，工业机器人在智能制造中的应用迅速扩大，然而只靠一台独立的机器人本体是不能完成任何工作的，需要通过系统集成将机器人本体、机器人控制软件、机器人应用软件以及机器人周边设备结合起来，形成一个系统，才能为终端用户所用。为了实现工业机器人与周边设备的配合使用，必须充分利用工业机器人系统的通信功能，以实现机器人与其他设备之间的信息实时共享。

本项目围绕工业机器人的 I/O 通信设置任务展开，通过机器人通信种类认知、标准 I/O 板认知等理论知识，结合高清图片和实例教学，配置机器人的标准 I/O 板，定义及监控 I/O 信号，掌握工业机器人的 I/O 通信设置。

学习任务

- 任务 4.1　配置工业机器人的标准 I/O 板
- 任务 4.2　I/O 信号的定义及监控

学习目标

■ 知识目标
- 了解工业机器人 I/O 通信的种类。
- 了解工业机器人的标准 I/O 板 DSQC 652。

■ 技能目标
- 掌握标准 I/O 板 DSQC 652 的配置。
- 掌握数字量输入/输出信号的定义。
- 掌握数字量输入/输出组信号的定义。
- 掌握 I/O 信号的监控查看、强制置位和快捷键设置。

■ 素养目标
- 培养耐心、专注的意志力。
- 培养勇于创新的积极性。
- 培养严谨求实的工作态度。

工业机器人的I/O通信设置

通信种类
- PC
- 现场总线
  - 标准I/O板DSQC 651
  - 标准I/O板DSQC 652 —— 配置DSQC 652

信号种类
- 输入
- 输出
  - 数字量信号
    - 定义输入信号di1
    - 定义输出信号do1
  - 模拟量信号
  - 组信号
    - 定义输入信号gi1
    - 定义输出信号go1

设置
- I/O信号的监控查看
- I/O信号的强制置位
- I/O信号的快捷键设置

任务 4.1 配置工业机器人的标准 I/O 板

4.1.1 工业机器人 I/O 通信的种类

机器人拥有丰富的 I/O 通信接口，可以轻松地实现与周边设备的通信，其具备的 I/O 通信方式见表 4-1，其中 RS-232 通信、OPC Server、Socket Message 是与 PC 通信时的通信协议，与 PC 进行通信时需在 PC 端下载 PC SDK，添加"PC-INTERFACE"选项；DeviceNet、PROFIBUS、PROFIBUS-DP、PROFINET、EtherNet IP 则是不同厂商推出的通信协议，根据需求进行选配，使用合适的现场总线或以太网协议；如果使用机器人标准 I/O 板，就必须有 DeviceNet 的总线。

表 4-1 机器人 I/O 通信方式

PC 通信协议	通信协议	机器人标准设备
RS-232 通信（串口外接条形码读取及视觉捕捉等）	DeviceNet	标准 I/O 板
OPC Server	PROFIBUS	PLC
Socket Message（网口）	PROFIBUS-DP	—
—	PROFINET	—
—	EtherNet IP	—

关于机器人 I/O 通信接口的说明：

① 标准 I/O 板提供的常用信号有数字输入 DI、数字输出 DO、模拟输入 AI、模拟输出 AO，以及输送链跟踪（如 DSQC 377A），常用的标准 I/O 板有 DSQC 651 和 DSQC 652。

② 机器人可以选配标准的 PLC（本体同厂家的 PLC），既省去了与外部 PLC 进行通信的设置，又可以直接在机器人的示教器上实现与 PLC 相关的操作。

4.1.2 标准 I/O 板 DSQC 651

机器人常用的标准 I/O 板（表 4-2）有 DSQC 651、DSQC 652、DSQC 653、DSQC 355A、DSQC 377A 五种，除分配地址不同外，其配置方法基本相同。

表 4-2 机器人常用的标准 I/O 板

序号	型号	说明
1	DSQC 651	分布式 I/O 模块，di8、do8、ao2
2	DSQC 652	分布式 I/O 模块，di16、do16

序号	型号	说明
3	DSQC 653	分布式 I/O 模块，di8、do8，带继电器
4	DSQC 355A	分布式 I/O 模块，ai4、ao4
5	DSQC 377A	输送链跟踪单元

　　DSQC 651 板主要处理 8 路数字输入信号、8 路数字输出信号和 2 路模拟输出信号。DSQC 651 板如图 4-1 所示。

图 4-1　DSQC 651 板

1—输出信号指示灯；2—X1 数字输出接口；3—X6 模拟输出接口；
4—X5 DeviceNet 接口；5—X3 数字输入接口；6—模块状态指示灯；
7—数字输入信号指示灯

DSQC 651 板的 X1、X3、X5、X6 接口连接说明如下：

1. X1 接口

X1 接口包括 8 个数字输出端子，地址分配见表 4-3。

表 4-3　DSQC 651 板的 X1 接口地址分配

端子编号	使用定义	地址分配
1	OUTPUT CH1	32
2	OUTPUT CH2	33
3	OUTPUT CH3	34
4	OUTPUT CH4	35
5	OUTPUT CH5	36
6	OUTPUT CH6	37
7	OUTPUT CH7	38
8	OUTPUT CH8	39
9	0 V	—
10	24 V	—

2. X3 接口

X3 接口包括 8 个数字输入端子，地址分配见表 4-4。

表 4-4　DSQC 651 板的 X3 接口地址分配

端子编号	使用定义	地址分配
1	INPUT CH1	0
2	INPUT CH2	1
3	INPUT CH3	2
4	INPUT CH4	3
5	INPUT CH5	4
6	INPUT CH6	5
7	INPUT CH7	6
8	INPUT CH8	7
9	0 V	—
10	未使用	—

3. X5 接口

X5 是 DeviceNet 接口，端子使用定义见表 4-5。

表 4-5　DSQC 651 板的 X5 接口地址分配

端子编号	使用定义
1	0V BLACK
2	CAN 信号线 low BLUE
3	屏蔽线
4	CAN 信号线 high WHITE
5	24 V RED
6	GND 地址选择公共端
7	模块 ID bit0（LSB）
8	模块 ID bit1（LSB）
9	模块 ID bit2（LSB）
10	模块 ID bit3（LSB）
11	模块 ID bit4（LSB）
12	模块 ID bit5（LSB）

4. X6 接口

X6 接口包括 2 个模拟输出端子，地址分配见表 4-6。

拓展阅读

电气技术中的
严谨求实精神

表 4-6　DSQC 651 板的 X6 接口地址分配

端子编号	使用定义	地址分配
1	未使用	—
2	未使用	—
3	未使用	—
4	0 V	—
5	模拟输出 ao1	0~15
6	模拟输出 ao2	16~31

4.1.3　标准 I/O 板 DSQC 652

　　DSQC 652 板主要处理 16 路数字输入信号和 16 路数字输出信号，如图 4-2 所示。

图 4-2　DSQC 652 板

1—输出信号指示灯；2—X1 数字输出接口；3—X2 数字输出接口；
4—X5 DeviceNet 接口；5—X4 数字输入接口；6—X3 数字输入接口；
7—模块状态指示灯；8—数字输入信号指示灯

DSQC 652 板的 X1、X2、X3、X4、X5 接口连接说明如下：

1. X1 接口

X1 接口包括 8 个数字输出端子，地址分配见表 4-7。

表 4-7　DSQC 652 板的 X1 接口地址分配

端子编号	使用定义	地址分配
1	OUTPUT CH1	0
2	OUTPUT CH2	1
3	OUTPUT CH3	2
4	OUTPUT CH4	3
5	OUTPUT CH5	4
6	OUTPUT CH6	5

续表

端子编号	使用定义	地址分配
7	OUTPUT CH7	6
8	OUTPUT CH8	7
9	0 V	—
10	24 V	—

2. X2 接口

X2 接口包括 8 个数字输出端子，地址分配见表 4-8。

表 4-8　DSQC 652 板的 X2 接口地址分配

端子编号	使用定义	地址分配
1	OUTPUT CH1	8
2	OUTPUT CH2	9
3	OUTPUT CH3	10
4	OUTPUT CH4	11
5	OUTPUT CH5	12
6	OUTPUT CH6	13
7	OUTPUT CH7	14
8	OUTPUT CH8	15
9	0 V	—
10	24 V	—

3. X3 接口

X3 接口包括 8 个数字输入端子，地址分配见表 4-9。

表 4-9　DSQ C652 板的 X3 接口地址分配

端子编号	使用定义	地址分配
1	INPUT CH1	0
2	INPUT CH2	1
3	INPUT CH3	2
4	INPUT CH4	3
5	INPUT CH5	4
6	INPUT CH6	5
7	INPUT CH7	6
8	INPUT CH8	7

端子编号	使用定义	地址分配
9	0 V	—
10	未使用	—

4. X4 接口

X4 接口包括 8 个数字输入端子，地址分配见表 4-10。

表 4-10　DSQC 652 板的 X4 接口地址分配

端子编号	使用定义	地址分配
1	INPUT CH9	8
2	INPUT CH10	9
3	INPUT CH11	10
4	INPUT CH12	11
5	INPUT CH13	12
6	INPUT CH14	13
7	INPUT CH15	14
8	INPUT CH16	15
9	0 V	—
10	未使用	—

5. X5 接口

DSQC 652 标准 I/O 板是挂在 DeviceNet 现场总线下的设备，通过 X5 接口与 DeviceNet 现场总线通信，端子使用定义见表 4-11。

表 4-11　X5 接口端子使用定义

端子编号	使用定义
1	0V BLACK
2	CAN 信号线 low BLUE
3	屏蔽线
4	CAN 信号线 high WHITE
5	24 V RED
6	GND 地址选择公共端
7	模块 ID bit0（LSB）
8	模块 ID bit1（LSB）
9	模块 ID bit2（LSB）

续表

端子编号	使用定义
10	模块 ID bit3（LSB）
11	模块 ID bit4（LSB）
12	模块 ID bit5（LSB）

如图 4-3 所示，X5 为 DeviceNet 通信接口，其中端子 1~5 为 DeviceNet 接线端，跳线 6~12 用来决定模块（I/O 板）在总线中的地址，可用范围为 10~63。跳线 7~12 剪断，地址分别对应 1、2、4、8、16、32。跳线 8 和跳线 10 对应数值相加得 10，即为 DSQC 652 总线地址。DSQC 652 标准 I/O 板总线连接参数见表 4-12。

图 4-3　X5 接口接线图

表 4-12　DSQC 652 标准 I/O 板总线连接参数

参数名称	设定值	说明
Name	d652	设定 I/O 板在系统中的名称
Type of Device	DSQC 652	设定 I/O 板的类型
DeviceNet Address	10	设定 I/O 板在总线中的地址

4.1.4　任务操作——配置标准 I/O 板 DSQC 652

1. 任务要求

掌握配置标准 I/O 板 DSQC 652 的方法。

微课

配置标准 I/O 板
DSQC 652

2. 任务实操

序号	操作步骤	示意图
1	在示教器操作界面中点击"控制面板"选项	
2	点击"控制面板"界面中的"配置"选项	
3	进入配置系统参数界面后，双击"DeviceNet Device"选项，进行 DSQC 652 模块的选择及其地址设定	

续表

序号	操作步骤	示意图
4	点击"添加"按钮，然后进行编辑	手动 System3 (DESKTOP-HVBCOF8) 电机开启 已停止 (速度 80%) 控制面板 - 配置 - I/O System - DeviceNet Device 目前类型: DeviceNet Device 新增或从列表中选择一个进行编辑或删除。 编辑　　添加　　删除　　后退 控制面板　ROB_1
5	在编辑时可以点击图示"使用来自模板的值"右侧的下拉按钮，选择使用的 I/O 板类型	手动 System3 (DESKTOP-HVBCOF8) 电机开启 已停止 (速度 80%) 控制面板 - 配置 - I/O System - DeviceNet Device - 添加 新增时必须将所有必要输入项设置为一个值。 双击一个参数以修改。 使用来自模板的值: 〈默认〉 参数名称　　　　　　值　　　　　1 到 5 共 19 Name　　　　　　tmp0 Network　　　　　DeviceNet StateWhenStartup　Activated TrustLevel　　　　DefaultTrustLevel Simulated　　　　0 确定　　取消 控制面板　ROB_1
6	在模板中选择 "DSQC 652 24 VDC I/O Device"选项，其参数值是自动生成的默认值	手动 System3 (DESKTOP-HVBCOF8) 防护装置停止 已停止 (速度 80%) 控制面板 - 配置 - I/O System - DeviceNet Device - 添加 新增时必须将所有必要输入项设置为一个值。 双击一个参数以修改。 使用来自模板的值: 〈默认〉 参数名称　　　　　〈默认〉 Name　　　　　　DeviceNet Generic Device Network　　　　　ABB DeviceNet Slave Device StateWhenStartup　ABB DeviceNet Anybus Slave Device TrustLevel　　　　DSQC 651 Combi I/O Device Simulated　　　　DSQC 652 24 VDC I/O Device DSQC 653 Relay I/O Device DSQC 351B IBS Adapter 控制面板　ROB_1

续表

序号	操作步骤	示意图
7	点击界面右下角翻页按钮，找到"Address"选项	
8	双击"Address"选项，将 Address 的值改为 10（10 代表此模块在总线中的地址，本书所述机器人出厂默认值）。依次点击"确定"按钮，返回参数设定界面	
9	参数设定完毕，点击"确定"按钮	

序号	操作步骤	示意图
10	弹出"重新启动"界面，点击"是"按钮，重新启动控制系统，确定更改，定义DSQC 652 板的总线连接操作完成	

4.1.5　查看工业机器人参数

机器人参数根据不同的类型可分为五个主题，如图 4-4 所示。同一主题中的所有参数都被存储在一个单独的配置文件中，配置文件是列出系统参数值的 CFG 格式的文件，不同主题参数的配置文件说明见表4-13。在示教器"控制面板"选项下的配置系统参数界面中，可以查看各个类型的参数。

⚠ 提示：如果将某一类参数指定为默认值，那么配置文件便不会列出该参数。

图 4-4　配置界面下的主题分类

表 4-13　不同主题参数的配置文件

主题	配置内容	配置文件
Communication	串行通道与文件传输层协议	SIO. cfg
Controller	安全性与 RAPID 专用函数	SYS. cfg
I/O System	I/O 板与信号	EIO. cfg
Man-Machine Communication	用于简化系统工作的函数	MMC. cfg
Motion	机器人与外轴	MOC. cfg

在"主题"菜单下点击各个命令，可以查看相应主题中的所有参数，如图 4-5 至图 4-8 所示。选择具体参数后，点击"显示全部"按钮，便可查看到参数详情。选择对应的选项，便可以对参数的配置进行编辑和添加。

图 4-5　Man-Machine Communication 界面

图 4-6　Controller 界面

图 4-7　Communication 界面

图 4-8　Motion 界面

思考题答案

思考题

1. 填空题

① DSQC 651 板主要处理_____路数字输入信号、_____路数字输出信号和_____路模拟输出信号。

② DSQC 652 板主要处理 16 路_____和 16 路_____。

③ 配置文件是列出系统参数值的_____格式的文件。

2. 判断题

① 在示教器"控制面板-配置"界面的 Communication 主题下，可以配置串行通道与文件传输层协议相关内容。　　　　　　　　　　　　　　(　　)

② ABB IRB 120 型机器人如果使用标准 I/O 板，就必须有 DeviceNet 的总线。　　　　　　　　　　　　　　　　　　　　　　　　(　　)

任务 4.2 I/O 信号的定义及监控

 微课
定义数字量输入
信号

4.2.1 任务操作——定义数字量输入信号

1. 任务引入

在 4.1.2 中已介绍过标准 I/O 板 DSQC 652。DSQC 652 板主要处理 16 路数字输入信号和 16 路数字输出信号。数字量输入信号 di1 地址可选范围为 0 ~ 15，在此需了解数字量输入信号 di1 的参数（表 4-14）。

表 4-14　数字量输入信号 di1 的参数

参数名称	设定值	说明
Name	di1	设定数字输入信号的名称
Type of Signal	Digital Input	设定信号种类
Assigned to Device	d652	设定信号所在 I/O 模块
Device Mapping	8	设定信号所占地址

 模拟赛题
工业机器人 I/O
信号配置

2. 任务要求

掌握定义数字量输入信号 di1 的方法。

3. 任务实操

序号	操作步骤	示意图
1	在示教器操作界面中点击"控制面板"选项	（图）
2	点击"配置"选项	（图）

续表

序号	操作步骤	示意图
3	进入配置系统参数界面后，双击"Signal"选项	
4	点击图示"添加"按钮，然后进行编辑	
5	对参数进行设置，首先双击"Name"选项	

续表

序号	操作步骤	示意图
6	输入"di1",然后点击"确定"按钮	
7	双击"Type of Signal",选择"Digital Input"选项	
8	按照图示再双击"Assigned to Device",选择"d652"选项	

续表

序号	操作步骤	示意图
9	双击"Device Mapping"选项，设定信号所占地址	
10	输入"8"，然后点击"确定"按钮	
11	点击图示中的"确定"按钮，完成设定	

续表

拓展阅读

位置触发信号指令
TriggIO 和 TriggL

序号	操作步骤	示意图
12	在弹出的"重新启动"界面中点击"是"按钮，重启控制器以完成设置	

4.2.2　任务操作——定义数字量输出信号

1. 任务引入

在 4.2.1 中已介绍了数字量输入信号 di1 的定义。可以采用相同的方法完成数字量输出信号 do1 的参数（表 4-15）的定义。

微课

定义数字量输出
信号

表 4-15　数字量输出信号 do1 的参数

参数名称	设定值	说明
Name	do1	设定数字输出信号的名称
Type of Signal	Digital Output	设定信号种类
Assigned to Device	d652	设定信号所在 I/O 模块
Device Mapping	15（0~15 均可）	设定信号所占地址

2. 任务要求

掌握定义数字量输出信号 do1 的方法。

3. 任务实操

序号	操作步骤	示意图
1	前三步与 4.2.1 一样，进入配置系统参数界面，双击"Signal"选项	

序号	操作步骤	示意图
2	点击"添加"按钮，然后进行编辑	
3	对参数进行设置，首先双击"Name"选项	
4	输入"do1"，然后点击"确定"按钮	

续表

序号	操作步骤	示意图
5	双击"Type of Signal"，选择"Digital Output"选项	
6	再双击"Assigned to Device"，选择"d652"选项	
7	双击"Device Mapping"选项，设定信号所占地址	

续表

序号	操作步骤	示意图
8	输入"15"，然后点击"确定"按钮	
9	点击"确定"按钮，完成设定	
10	在弹出的"重新启动"界面中点击"是"按钮，重启控制器以完成设置	

⚠ 提示：可以完成多个信号的定义后再进行重启，重启后信号配置生效。

4.2.3　任务操作——定义数字量组输入信号

1. 任务引入

数字量组输入信号，就是将几路数字输入信号组合起来使用，用于输入 BCD 编码的十进制数。数字量组输入信号 gi1 的参数见表 4-16。gi1 占用地址 0~7 共 8 位，可以代表十进制数 0~255。

表 4-16　数字量组输入信号 gi1 的参数

参数名称	设定值	说明
Name	gi1	设定组输入信号的名称
Type of Signal	Digital Input	设定信号种类
Assigned to Device	d652	设定信号所在 I/O 模块
Device Mapping	0~7	设定信号所占地址

2. 任务要求

掌握定义数字量组输入信号 gi1 的方法。

3. 任务实操

机器人的输入信号输出信号与组信号

序号	操作步骤	示意图
1	进入主菜单，在示教器操作界面中点击"控制面板"选项	
2	点击"配置"选项	

续表

序号	操作步骤	示意图
3	进入配置系统参数界面后，双击"Signal"选项	
4	按照图示点击"添加"按钮，然后进行编辑	
5	对参数进行设置，首先双击"Name"选项	

续表

序号	操作步骤	示意图
6	输入"gi1",然后点击"确定"按钮	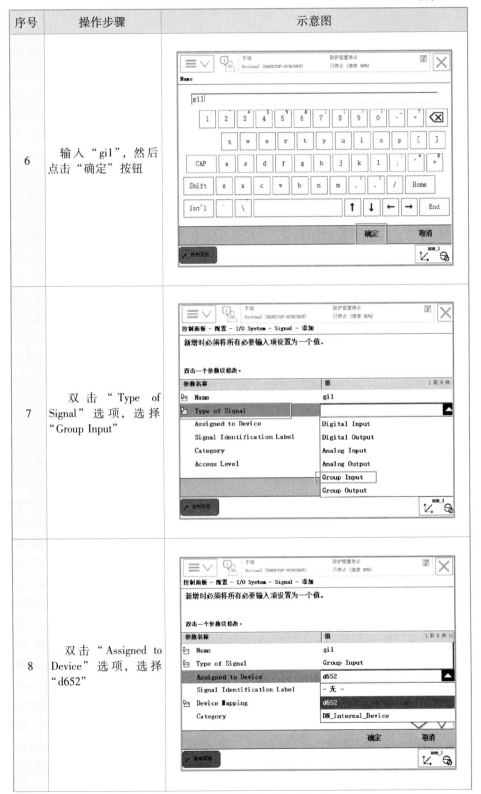
7	双击"Type of Signal"选项,选择"Group Input"	
8	双击"Assigned to Device"选项,选择"d652"	

PPT

机器人的输入信号、输出信号与组信号

续表

序号	操作步骤	示意图
9	双击"Device Mapping"选项，设定信号所占地址	
10	输入"0-7"，然后点击"确定"按钮	
11	点击"确定"按钮，完成设定	

续表

序号	操作步骤	示意图
12	在弹出的"重新启动"界面，点击"是"按钮，重启控制器以完成设置	

⚠ 提示：可以完成多个信号配置后，再进行重启，重启后信号配置生效。

4.2.4 任务操作——定义数字量组输出信号

1. 任务引入

组输出信号，就是将几个数字输出信号组合起来使用，用于输出 BCD 编码的十进制数。组输出信号 go1 的相关参数见表 4-17。go1 占用地址 0~7 共 8 位，可以代表十进制数 0~255。

表 4-17 数字量组输出信号 go1 参数表

参数名称	设定值	说明
Name	go1	设定组输出信号的名字
Type of Signal	Digital Output	设定信号的种类
Assigned to Device	d652	设定信号所在的 I/O 模块
Device Mapping	0~7	设定信号所占用的地址

2. 任务要求

掌握如何定义数字量组输出信号 go1。

3. 任务实操

微课
定义数字量输出组信号

序号	操作步骤	示意图
1	前三步与 4.2.3 一样，进入控制面板的"配置"界面双击"Signal"选项，进行数字输出量 go1 的添加	

序号	操作步骤	示意图
2	点击"添加"按钮,然后进行编辑	
3	对参数进行设置,首先双击"Name"	
4	按照图示输入"go1",然后点击"确定"按钮	

续表

序号	操作步骤	示意图
5	双击"Type of Signal"，选择"Group Output"	
6	双击"Assigned to Device"，选择"d652"	
7	双击"Device Mapping"，设定信号所占地址	

序号	操作步骤	示意图
8	输入"0-7",然后点击"确定"按钮	
9	点击"确定"按钮,完成设定	
10	在弹出的"重新启动"提示框点击"是"按钮,重启控制器以完成设置	

4.2.5 任务操作——I/O 信号的监控查看

1. 任务要求

掌握如何对 I/O 信号进行监控查看。

2. 任务实操

序号	操作步骤	示意图
1	进入主菜单，在示教器操作界面中选择"输入输出"选项	
2	点击右下角的"视图"菜单	
3	在图示的"视图"菜单中选择"I/O 设备"命令	

续表

序号	操作步骤	示意图
4	选择"d652", 然后点击"信号"按钮	
5	可以看到之前实操定义过的信号, 如图所示, 通过该窗口可对信号进行监控查看	

4.2.6　任务操作——I/O 信号的强制置位

1. 任务要求

掌握对 I/O 信号进行强制置位的方法。

2. 任务实操

序号	操作步骤	示意图
1	采取 4.2.5 中的步骤进入, 监控查看窗口	

续表

序号	操作步骤	示意图
2	按照图示选中"di1"(或其他想进行强制的信号),然后点击"仿真"按钮	
3	点击"0"或"1",可以将 di1 的状态仿真置为 0 或 1	
4	例如点击"1",便将 di1 的状态仿真置为 1	

⚠ 提示:仿真功能一般用于无外部设备联合调试时,机器人程序中各类输入信号的仿真。

4.2.7　任务操作——I/O 信号的快捷键设置

1. 任务引入

示教器上的可编程按键是如图 4-9 所示方框内的四个按键，分为按键 1~4，在操作时可以为可编程按键分配需要快捷控制的 I/O 信号，以方便对 I/O 信号进行强制置位。

在对可编程按键进行设置时可选择不同的按键功能模式，如图 4-10 所示，总共有 5 种按键功能模式，分别为"切换""设为 1""设为 0""按下/松开""脉冲"。

① 切换：在此功能模式下，对所设置的按键按压时，信号将在"0"和"1"之间切换。

图 4-9　可编程按键

② 设为 1：在此功能模式下，对所设置的按键按压时，信号将设为 1。

③ 设为 0：在此功能模式下，对所设置的按键按压时，信号将设为 0。

④ 按下/松开：在此功能模式下，对所设置的按键长按时，信号将设为 1；松开设置的按键时，信号将设为 0。

⑤ 脉冲：在此功能模式下，对所设置的按键按压时，输出一个脉冲。

图 4-10　按键功能模式

2. 任务要求

掌握对可编程按键配置数字量信号的方法。

3. 任务实操

序号	操作步骤	图片说明
1	进入主菜单，在示教器操作界面中选择"控制面板"选项	
2	点击"配置可编程按键"选项	
3	在配置可编程按键的界面中，可以选择对按键 1~4 进行配置，配置类型有"无""输入""输出""系统"信号	

续表

序号	操作步骤	图片说明
4	本任务中，对可编程按键 1 设置 do1 信号。do1 是输出信号，所以在"类型"下拉列表中选择"输出"命令	
5	在数字输出中选中"do1"，再在"按下按键"下拉列表中选择"切换"命令；也可以根据实际需要选择对应的按键功能模式	
6	按照图示点击"确定"按钮，完成设置	

续表

序号	操作步骤	图片说明
7	配置后就可以通过可编程按键 1 在手动状态下对 do1 数字输出信号进行强制的操作，余下的可编程按键也可以参照前面的步骤进行设置	

4.2.8 任务操作——输入输出信号与 I/O 的关联

1. 任务引入
建立系统输入输出信号与 I/O 的关联，可实现对机器人系统的控制，比如电机开启、程序启动等；也可实现对外围设备的控制，比如电机主轴的转动、夹具的开启等。下面以机器人的电机控制为例详细叙述。

2. 任务要求
建立系统输入输出信号与 I/O 的连接。

3. 任务实操

序号	操作步骤	图片说明
1	进入主菜单，在示教器操作界面中选择"控制面板"选项	

 PPT
系统输入输出与I/O信号关联

 微课
系统输入输出与I/O信号关联

续表

序号	操作步骤	图片说明
2	点击"配置"选项	
3	双击"System Input"选项	
4	进入如图所示的界面，点击"添加"按钮	

续表

序号	操作步骤	图片说明
5	双击图示中的"Signal Name"	
6	选择图示中的输入信号"di1"，并点击"确定"按钮	
7	按照图示双击"Action"	

续表

序号	操作步骤	图片说明
8	选择"Motors On"，然后点击"确定"按钮	
9	点击"确定"按钮，确认设定	
10	点击图示界面的"是"按钮，重新热启动控制器，完成系统输入"电机启动"与数字输入信号 di1 的连接设定。输入信号关联好后，若在自动模式下，将 di1 置1，则机器人电动机上电	

序号	操作步骤	图片说明
11	参考步骤 1~10，进行系统输出"电机开启"与数字输出信号 do1 的连接。首先双击"Syetem Output"选项	
12	进入如图所示的界面，点击"添加"按钮	
13	参考步骤 5~9，完成"Signal Name"（do1）和"Status"（Motors On）的设定。输出信号关联好后，若机器人电动机上电，则 do1 置 1	

续表

序号	操作步骤	图片说明
14	与步骤 10 一样，点击图示界面的"是"按钮重新热启动控制器，完成系统输出"电机开启"与数字输出信号 do1 的连接设定	

思考题答案

思考题

1. 填空题

① 如果工业机器人配备 DSQC 652 的标准 I/O 板，则数字量输入信号 di1 地址的可选范围为_____。

② 定义数字量输入信号时，参数 Assigned to Device 处需要设定信号的_____。

③ _____信号是将几个数字输入信号组合起来，用于输入 BCD 编码的十进制数。

2. 判断题

① 建立系统输入信号与数字量输出信号的关联，可实现对机器人系统的控制，比如电动机开启、程序启动等。

② 在对可编程按键进行设置时可选择不同的按键功能模式，总共有 4 种按键功能模式，分别为"切换""设为 1""设为 0""按下/松开"。

项目评价

姓名				学号			
专业		班级		日期			
类别	项目	考核内容	得分	总分	评分标准	教师签名	
理论	知识准备（100分）	1. 工业机器人支持的通信方式（30分）			根据掌握情况打分		
		2. 工业机器人的标准 I/O 板认知（30分）					
		3. 工业机器人示教器中参数类型及配置内容（40分）					
技能	技能目标（75分）	1. 掌握在示教器中配置标准 I/O 板 DSQC 652 的方法（10分）			根据掌握情况打分		
		2. 掌握定义数字量输入输出信号的方法（10分）					
		3. 掌握定义组输入输出信号的方法（20分）					
		4. 能够在示教器中，监控查看、强制置位 I/O 信号（10分）					
		5. 掌握 I/O 信号快捷键的设置方法（15分）					
		6. 掌握关联输入输出信号与 I/O 信号的方法（10分）					
	任务完成质量（15分）	1. 掌握熟练程度（5分）			根据掌握情况打分		
		2. 准确率（5分）					
		3. 工作效率或完成任务速度（5分）					
	职业素养（10分）	1. 遵守操作规程，养成严谨、科学的工作态度。 2. 尊重他人劳动，不窃取他人成果。 3. 规范操作，安全生产。 4. 严格执行 5S 现场管理			根据操作情况打分		

项目五　工业机器人的基础示教编程与调试

当前，工业机器人广泛应用于焊接、装配、搬运、喷涂及打磨等领域，执行任务的复杂程度不断增加，因此降低程序编写的难度和工作量，提高编程效率，实现编程的自适应性，从而提高生产效率，是机器人编程技术发展的方向之一。工业机器人主要有三类程序编写方法：在线编程、离线编程以及自主编程。机器人编程一般指使用特定的机器人语言编写程序，描述机器人的运动轨迹及控制逻辑顺序，控制机器人按照指定的运动和作业指令来完成操作者希望的各项工作。

本项目围绕工业机器人的基础示教编程与调试工作任务展开，通过RAPID编程语言架构及组成、常用指令及用法和程序数据类型及定义方法等理论知识，结合高清图片和实例教学，进行建立程序模块及例行程序、工业机器人运动指令的应用、程序数据的定义及赋值、逻辑判断指令与调用例行程序指令的应用、I/O控制指令应用、基础示教编程的综合应用等实操内容的讲解，使学生掌握根据工作任务要求，完成工业机器人示教编程的技能。

学习任务

- 任务5.1　RAPID编程语言与程序架构
- 任务5.2　工业机器人运动指令的应用
- 任务5.3　程序数据的定义及赋值
- 任务5.4　逻辑判断指令与调用例行程序指令的应用
- 任务5.5　I/O控制指令
- 任务5.6　基础示教编程的综合应用

学习目标

■ 知识目标

- 了解常用的运动指令和数学运算指令。
- 了解手动运行模式下程序调试的方法。
- 了解Offs、RelTool、ProcCall、WaitTime的用法。
- 了解常用的I/O控制指令和逻辑判断指令的用法。

- 了解工件坐标系与坐标偏移。
- 了解常用的程序数据类型、定义和赋值方法。
- 了解数组的定义及赋值方法。
■ 技能目标
- 掌握程序模块及例行程序的建立。
- 掌握程序的示教编写和调试。
- 能建立工件坐标系并测试准确性，利用工件坐标系偏移三角形示教轨迹。
- 能通过更改运动指令参数实现轨迹逼近。
- 掌握数据变量的定义和赋值。
■ 素养目标
- 培养勇于创新的积极性。
- 培养严谨求实的工作态度。
- 培养协同合作的团队精神。

PPT

机器人的编程语言

任务 5.1　RAPID 编程语言与程序架构

5.1.1　RAPID 语言及其数据、指令、函数

1. RAPID 语言

RAPID 语言是一种由机器人厂家针对用户示教编程所开发的机器人编程语言，其结构和风格类似于 C 语言。RAPID 程序就是把一连串的 RAPID 语言人为有序地组织起来，形成应用程序。通过执行 RAPID 程序可以实现对机器人的操作控制。RAPID 程序可以实现操纵机器人运动、控制 I/O 通信，执行逻辑计算、重复执行指令等功能。不同厂家生产的机器人编程语言会有所不同，但实现的功能大同小异。

拓展阅读

大国重器之国产工
业机器人

2. RAPID 数据、指令和函数

RAPID 程序的基本组成元素包括数据、指令、函数。

（1）RAPID 数据

RAPID 数据是在 RAPID 语言编程环境下定义的用于存储不同类型数据信息的数据结构类型。在 RAPID 语言体系中，定义了上百种工业机器人可能运用到的数据类型，存放机器人编程需要用到的各种类型的常量和变量。同时，RAPID 语言允许用户根据这些已经定义好的数据类型，依照实际需求创建新的数据结构。

RAPID 数据按照存储类型可以分为变量（VAR）、可变量（PERS）和常量（CONTS）三大类。变量进行定义时，可以赋值，也可以不赋值。在程序中遇到新的赋值语句，当前值改变，但初始值不变，遇到指针重置（指针重置是指程序指针被人为地从一个例行程序移至另一个例行程序，或者 PP 移至 main）又恢复到初始值。定义可变量时，必须赋予初始值，在程序中遇到新的赋值语句，当前值改变，初始值也跟着改变，初始值被反复修改（多用于生产计数）。常量进行定义时，必须赋予初始值。在程序中是一个静态值，不能赋予新值，只能通过修改初始值来更改。在示教编程中常用的程序数据类型见表 5-1，前文 3.4.8 中学习过的工具数据便是其中的一种。常用的程序数据的定义和用法将会在 5.3.1 中详细介绍。

表 5-1　常用数据类型

程序数据	说明
bool	布尔量
byte	整数数据 0~255
clock	计时数据
jointtarget	关节位置数据
loaddata	负载数据
num	数值数据

续表

程序数据	说明
pos	位置数据（只有 X, Y, Z）
robjoint	机器人轴角度数据
speeddata	机器人与外轴的速度数据
string	字符串
tooldata	工具数据
wobjdata	工件数据

（2）RAPID 指令和函数

RAPID 语言为了方便用户编程，封装了一些可直接调用的指令和函数，其本质都是一段 RAPID 程序。RAPID 语言的指令和函数多种多样，可以实现运动控制、逻辑运算、输入输出等不同的功能。例如，运动指令可以控制机器人的运动。在 5.2.1 中，将详细介绍 MoveAbsJ、MoveJ 和 MoveL 等一些常用的运动指令。再如，逻辑判断指令可以对条件分支进行判断，实现机器人行为的多样化。指令程序可以带有输入变量，但无返回值。与指令不同，RAPID 语言的函数是具有返回值的程序。下文将介绍到的 Offs 指令就属于函数。RAPID 语言中的常见指令及函数说明详见附录 I 。

在 RAPID 语言中，定义了很多保留字（详见附录 II），它们都有特殊意义，因此不能用作 RAPID 程序中的标识符（即定义模块、程序、数据和标签的名称）。此外，还有许多预定义数据类型名称、系统数据、指令和有返回值的程序也不能用作标识符。

除本书涉及的指令与函数外，RAPID 语言所提供的其他数据、指令和函数的应用方法和功能，可以通过查阅 RAPID 指令、函数和数据类型技术参考手册进行学习。

5.1.2　RAPID 程序的架构

机器人的 RAPID 程序由系统模块与程序模块组成，每个模块中可以建立若干程序，如图 5-1 所示。

拓展阅读
以创新思维引领
工业自动化发展

图 5-1　RAPID 程序的架构

通常情况下，系统模块多用于系统方面的控制，而只通过新建程序模块来构建机器人的执行程序。机器人一般都自带 user 与 BASE 两个系统模块，如图 5-2 所示。机器人会根据应用用途的不同，配备相应应用的系统模块。例如，焊接机器人的系统模块如图 5-3 所示。建议不要对任何自动生成的系统模块进行修改。

图 5-2　一般机器人的系统模块

图 5-3　焊接机器人的系统模块

在设计机器人程序时，可根据不同的用途创建不同的程序模块，如用于位置计算的程序模块，用于存储数据的程序模块，这样便于归类管理不同用途的例行程序与数据。

① 值得注意的是，在 RAPID 程序中，只有一个主程序 main，并且作为整个 RAPID 程序执行的起点，可存在于任意一个程序模块中。

② 每一个程序模块一般包含了程序数据、程序、指令和函数 4 种对象。程序主要分为 Procedure、Function、Trap 三大类，如图 5-4 所示。Procedure 类型的程序没有返回值；Function 类型的程序有特定类型的返回值；Trap 类型的程序叫作中断例行程序，Trap 例行程序和某个特定中断连接，一旦中断条件满足，机器人将转入中断处理程序。

微课

建立程序模块及例行程序

图 5-4　程序类型

5.1.3　任务操作——建立程序模块及例行程序

1. 任务要求

使用示教器进行程序模块和例行程序的建立。

2. 任务实操

序号	操作步骤	示意图
1	进入主菜单，在示教器操作界面中选择"程序编辑器"选项	
2	示教器在首次进入"程序编辑器"时会弹出如图所示的"无程序"提示框，点击"取消"按钮，进入模块列表界面	
3	在模块列表界面点击左下角的"文件"菜单（"加载模块"命令可以加载需要使用的模块；"另存模块为"命令可以保存模块到机器人硬盘；"更改声明"命令可以更改模块的名称和类型；"删除模块"命令可以将模块从运行内存中删除，但不影响已在硬盘中保存的模块），然后点击"新建模块"命令	

续表

序号	操作步骤	示意图
4	在弹出的提示框中点击"是"按钮	
5	在创建新模块界面可以通过"ABC…"按钮进行模块名称的设定，还可以通过三角形按钮对类型进行选择。程序模块默认类型是"Program"，然后点击"确定"按钮，完成新模块的建立	
6	在模块列表中显示出新建的程序模块，选中模块列表中的"Module1"，然后点击"显示模块"按钮	

续表

序号	操作步骤	示意图
7	点击"例行程序"按钮，进行例行程序的新建	
8	在显示出的"例行程序"界面，打开"文件"菜单，点击"新建例行程序"命令	
9	创建一个主程序，将其名称设定为"main"，然后点击"确定"按钮	

续表

序号	操作步骤	示意图
10	在新建例行程序时，可以对例行程序的类型进行选择，建立所需的程序类型。程序类型可为"Procedure""Function""Trap"	
11	可以使用相同的方法，根据自己的需要新建例行程序，以方便用于被主程序 main 调用或例行程序间的互相调用。例行程序的名称可以在系统保留字段之外自由定义	
12	如图所示，在例行程序的列表中，选择相对应的例行程序，点击"显示例行程序"按钮，便可进行编程	

思考题

1. 填空题

① RAPID 是一种机器人编程语言，所包含的指令可以_____、_____、_____，还能实现决策、_____、_____与系统操作员交流等功能。

② 每一个程序模块一般包含了_____、_____、_____、_____ 4 种对象，但不是每个模块中都会有这 4 种对象。

③ RAPID 程序的基本组成元素包括_____、_____、_____。

2. 判断题

① RAPID 数据按照存储类型可以分为三大类，分别为变量（VAR），可变量（PERS）和常量（CONTS）。   （   ）

② RAPID 语言的函数及指令均无返回值。   （   ）

③ 机器人一般都自带两个系统模块：user 模块与 BASE 模块。 （   ）

任务 5.2 工业机器人运动指令的应用

5.2.1 常用运动指令及用法

工业机器人在空间上的运动方式主要有绝对位置运动、关节运动、线性运动和圆弧运动 4 种，每一种运动方式对应一个运动指令。运动指令即通过建立示教点指示机器人按一定轨迹运动的指令。机器人末端 TCP 移动轨迹的目标点位置即为示教点。

本书所述机器人常用的运动指令如下。

1. 绝对位置运动指令 MoveAbsJ

绝对位置运动指令（图 5-5）是指示机器人使用 6 个关节轴和外轴（附

图 5-5 绝对位置运动指令

加轴）的角度值进行运动和定义目标位置数据的命令，MoveAbsJ 指令（解析见表 5-2）常用于机器人回到机械零点的位置或 Home 点。Home 点（工作原点）是一个机器人远离工件和周边机器的安全位置。当机器人在 Home 点时，会同时发出信号给其他远端控制设备，如 PLC。根据此信号可以判断机器人是否在工作原点，以避免因机器人动作的起始位置不安全而损坏周边设备。

表 5-2　MoveAbsJ 指令解析

参数	定义	操作说明
*	目标点位置数据	定义机器人 TCP 的运动目标
\ NoEOffs	外轴不带偏移数据	
V1000	运动速度数据（1 000 mm/s）	定义速度（mm/s）
Z50	转弯区数据，转弯区的数值越大，机器人的动作越圆滑与流畅	定义转弯区的大小
Tool1	工具坐标数据	定义当前指令使用的工具
Wobj1	工件坐标数据	定义当前指令使用的工件坐标

⚠ 提示：在进行程序语句编写时，点击选中对应指令语句中的参数后，即可对参数进行编辑和修改。

2. 关节运动指令 MoveJ

关节运动指令（图 5-6）是在对机器人路径精度要求不高的情况下，指示机器人工具中心点（TCP）从一个位置移动到另一位置的命令，移动过程中机器人运动姿态不完全可控，但运动路径（图 5-7）保持唯一。MoveJ 指令（解析见表 5-3）适合机器人需要大范围运动时使用，不容易在运动过程中发生关节轴进入机械奇异点的问题。机器人到达机械奇异点，将会引起自由度减少，使得关节轴无法实现某些方向的运动，还有可能导致关节轴失控。一般来说，机器人有两类奇异点，分别为臂奇异点和腕奇异点。臂奇异点（图 5-8）是指轴 4、轴 5 和轴 6 的交点与轴 1 在 Z 轴方向上的交点所处位置；腕奇异点（图 5-9）是指轴 4 和轴 6 处于同一条线上（即轴 5 角度为 0）的点。

图 5-6　关节运动指令

图 5-7　关节运动路径示意图

图 5-8　臂奇异点　　　　图 5-9　腕奇异点

⚠️ 提 示：运 用
MoveJ 指令实现两
点间的移动时，两
点间整个空间区域
须确保无障碍物，
以防止由于运动路
径不可预知所造成
的碰撞。

表 5-3　MoveJ 指令解析

参数	定义	操作说明
p10，p20	目标点位置数据	定义机器人 TCP 的运动目标
V1 000	运动速度数据（1 000 mm/s）	定义速度（mm/s）
Z50	转弯区数据，转弯区的数值越大，机器人的动作越圆滑与流畅	定义转弯区的大小
Tool1	工具坐标数据	定义当前指令使用的工具
Wobj1	工件坐标数据	定义当前指令使用的工件坐标

3. 线性运动指令 MoveL

线性运动指令（图 5-10）是指示机器人的 TCP 从起点到终点之间的路径
（图 5-11）始终保持为直线运动的命令。在此运动指令（解析参考表 5-3）
下，机器人运动状态可控，运动路径保持唯一。它一般用于对路径要求高的
场合，如焊接、涂胶。

4. 圆弧运动指令 MoveC

⚠️ 提 示：一个整
圆的运动路径不可
能 仅 通 过 一 个
MoveC 指令完成。

圆弧运动指令（图 5-12）是指示机器人在可到达范围内定义 3 个位置
点，实现圆弧路径（图 5-13）运动的命令（解析见表 5-4）。在圆弧运动位
置点中，第 1 点是圆弧的起点，第 2 点确定圆弧的曲率，第 3 点是圆弧的
终点。

图 5-10　线性运动指令

图 5-11　线性运动路径示意图

图 5-12　圆弧运动指令

图 5-13　圆弧运动路径示意图

表 5-4 MoveC 指令解析

参数	定义	操作说明
p10	圆弧的第 1 个点	定义圆弧的起点位置
p20	圆弧的第 2 个点	定义圆弧的曲率
P30	圆弧的第 3 个点	定义圆弧的终点位置
fine/z1	转弯区数据	定义转弯区的大小

5. 速度设定指令 VelSet

VelSet 指令用于设定最大的速度和倍率。该指令仅可用于主任务T_ROB1，或者如果在 MultiMove 系统中，则可用于运动任务。

例如：MODULE Module1

    PROC Routine1( )

      VelSet 50,400;

      MoveL p10, v1000, z50, tool0;

      MoveL p20, v1000, z50, tool0;

      MoveL p30, v1000, z50, tool0;

    ENDPROC

ENDMODULE

将所有的编程速度降至指令中的值的 50%，但不允许 TCP 速度超过 400 mm/s，即点 P10、p20 和 p30 的速度是 400 mm/s。

6. 加速度设定指令 AccSet

AccSet 指令可定义机器人的加速度。处理脆弱负载时，允许提高或降低加速度，使机器人移动更加顺畅。该指令仅可用于主任务 T_ROB1，或者如果在 MultiMove 系统中，则可用于运动任务。

例如：AccSet 50,100;

加速度限制到正常值的 50%。

例如：AccSet 100,50;

加速度斜线限制到正常值的 50%。

5.2.2 手动运行模式下程序调试的方法

在建立好程序模块和所需的例行程序后，便可进行程序编辑。在编辑程序的过程中，需要对编辑好的程序语句进行调试，检查是否正确，调试方法分为单步和连续。在调试过程中，需要用到程序调试控制按钮，如图 5-14 所示。

① 连续：按压此按钮，可以连续执行程序语句，直到程序结束。

② 上一步：按压此按钮，执行当前程序语句的上一语句，按一次往上执行一句。

图 5-14　程序调试控制按钮

1—连续；2—上一步；3—下一步；4—暂停

③ 下一步：按压此按钮，执行当前程序语句的下一语句，按一次往下执行一句。

④ 暂停：按压此按钮，停止当前程序语句的执行。

在手动运行模式下，可以通过点按程序调试控制按钮"上一步"和"下一步"，进行机器人程序的单步调试。对所示教编写好的程序进行单步调试，确认无误后便可选择程序调试控制按钮"连续"，对程序进行连续调试。

5.2.3　任务操作——利用绝对位置运动指令 MoveAbsJ 使各轴回零点

1. 任务引入

在 5.2.1 中学习了运动指令 MoveAbsJ，下面介绍使用绝对位置运动指令 MoveAbsJ 使机器人各轴回零点位置的操作方法。MoveAbsJ 指令设置零点位置参数数值见表 5-5。

表 5-5　MoveAbsJ 指令设置零点位置参数数值表

参数名称	参数值	参数名称	参数值
rax_1	0	eax_a	9E+09
rax_2	0	eax_b	9E+09
rax_3	0	eax_c	9E+09
rax_4	0	eax_d	9E+09
rax_5	0	eax_e	9E+09
rax_6	0	eax_f	9E+09

模拟赛题

设定工业机器人
Home 点

2. 任务要求

掌握利用绝对位置运动指令 MoveAbsJ 使机器人各轴回零点位置的方法。

微课

利用 MoveAbsJ 指令使
机器人各轴回零点位置

3. 任务实操

序号	操作步骤	示意图
1	按照图示，进入示教器主菜单界面，选择"程序编辑器"选项	
2	参考 5.1.2 中的操作方法，建立一个例行程序，点击"显示例行程序"按钮	
3	进入到刚刚新建的例行程序中，确认蓝色常亮部分位于"SMT"，点击"添加指令"按钮	

续表

序号	操作步骤	示意图
4	在"Common"下找到运动指令"MoveAbsJ"	
5	点击"MoveAbsJ"行，添加其指令语句	
6	双击星号，可以对示教点进行修改	

续表

序号	操作步骤	示意图
7	点击"新建"按钮，建立一个位置点，"MoveAbsJ"指令将指示机器人到达的目标位置	
8	点击"初始值"按钮，修改位置点参数值	
9	进入位置参数数值修改界面	

续表

序号	操作步骤	示意图
10	参考表5-5，修改各项参数值，点击"确定"按钮	
11	修改完所有参数后，按照图示点击"确定"按钮，完成零点参数值的设定	
12	回到程序编辑界面，点击"调试"菜单，选择"PP移至例行程序…"命令	

续表

序号	操作步骤	示意图
13	选择"MoveAbsJ"指令语句所在的例行程序，点击"确定"按钮	
14	将光标箭头指在"MoveAbsJ"指令语句所在语句行	
15	按下使能器按钮，按下程序调试控制按钮"下一步"，机器人执行"MoveAbsJ"指令语句，即可完成回零点的操作	

微课

利用关节运动指令 MoveJ 使机器人由 A 点移动到 B 点

5.2.4　任务操作——利用运动指令 MoveJ 和 MoveL 实现两点间移动

1. 任务要求

掌握分别利用关节运动指令 MoveJ 和线性运动指令 MoveL 使机器人由 A 点移动到 B 点的方法。

2. 任务实操

序号	操作步骤	示意图
1	进入示教器主菜单界面，选择"程序编辑器"选项	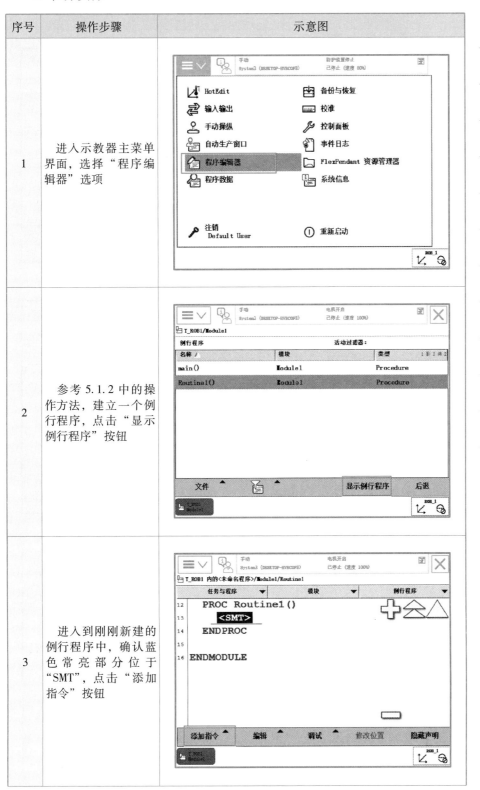
2	参考 5.1.2 中的操作方法，建立一个例行程序，点击"显示例行程序"按钮	
3	进入到刚刚新建的例行程序中，确认蓝色常亮部分位于"SMT"，点击"添加指令"按钮	

续表

序号	操作步骤	示意图
4	在"Common"下找到运动指令"MoveJ"（用法详情见 5.2.1）	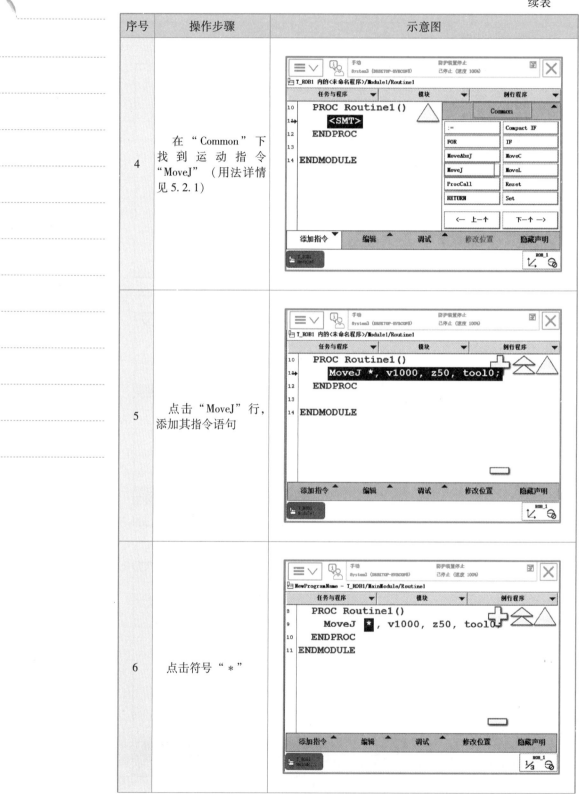
5	点击"MoveJ"行，添加其指令语句	
6	点击符号"∗"	

续表

序号	操作步骤	示意图
7	点击"新建"按钮，建立第一个目标点"A"	
8	进入到位置信息修改界面，点击相应的按钮，可以对新建的位置点数据进行定义。本任务操作中，点击"…"按钮更改名称为"A"，点击"确定"按钮	
9	选中"A"，点击"确定"按钮	

续表

序号	操作步骤	示意图
10	选择合适的动作模式，拨动手动操纵杆使得机器人运动到目标点"A"的位置上，点击图示中的"修改位置"按钮，记录当前位置信息	
11	再次选择"MoveJ"，点击"添加指令"按钮，弹出如图所示的"添加指令"界面。若点击"下方"按钮，则添加的指令在下方；若点击"上方"按钮，则添加的指令在上方	
12	采取步骤6~10，完成运用"MoveJ"指令移动的第二个目标点"B"的示教编程，程序如图所示	

续表

序号	操作步骤	示意图
13	选中"MoveJ A…"语句行，点击"编辑"菜单，选择"复制"命令	
14	选中"MoveJ B…"语句行，点击"粘贴"命令，再点击"更改为 MoveL"命令	
15	"MoveJ A…"语句行被再次添加到"MoveJ B…"语句行下方且指令"MoveJ"变换为"MoveL"	

续表

序号	操作步骤	示意图
16	采用"编辑"菜单中的"复制""粘贴"等快捷按钮，可以快速地完成相同程序语句的编写；此外，也可按照图示点击"添加指令"菜单，选择"MoveL"指令，完成"MoveL B…"的编写（"MoveL A…"也可采用与此一样的步骤进行编写）	
17	按照图示点击"添加指令"菜单，点击"MoveL"，添加指令；双击指令中的目标点（此为"A30"），进入如图所示界面	
18	在"数据"列表中选择"B"，点击"确定"按钮，完成"MoveL B…"的编写	

续表

序号	操作步骤	示意图
19	到此完成了利用"MoveJ"和"MoveL"使机器人在 A、B 两点间移动的编程	NewProgramName - T_ROB1/MainModule/Routine1 任务与程序　模块　例行程序 10　PROC Routine1() 11　　MoveJ A, v1000, z50, tool0; 12　　MoveJ B, v1000, z50, tool0; 13　　MoveL A, v1000, z50, tool0; 14　　MoveL B, v1000, z50, tool0; 15　ENDPROC 16　ENDMODULE 添加指令　编辑　调试　修改位置　隐藏声明
20	运用 5.2.3 中介绍的程序单步调试的操作步骤，逐步运行程序语句，并且观察"MoveJ"和"MoveL"指令下机器人的运动路径	

5.2.5　Offs 位置偏移函数的调用方法

工业机器人的示教编程中，受机器人工作环境的影响，为了避免碰撞引起故障和安全意外情况的出现，常常会在机器人运动过程中设置一些安全过渡点，在加工位置附近设置入刀点。

位置偏移函数（图 5-15）是指示机器人以目标点位置为基准，在其 X、Y、Z 方向上进行偏移的命令。Offs 指令（解析见表 5-6）常用于安全过渡点和入刀点的设置。

图 5-15　位置偏移函数

表 5-6 Offs 指令解析

参数	定义	操作说明
p10	目标点位置数据	定义机器人 TCP 的运动目标
0	X 方向上的偏移量	定义 X 方向上的偏移量
0	Y 方向上的偏移量	定义 Y 方向上的偏移量
100	Z 方向上的偏移量	定义 Z 方向上的偏移量

函数是有返回值的，即调用此函数的结果是得到某一数据类型的值，在使用时不能单独作为一行语句，需要通过赋值或者作为其他函数的变量来调用。在图 5-15 所示的语句中，offs 函数即是作为 MoveL 指令的变量来调用的；在图 5-16 所示的语句中，offs 函数即是通过赋值进行调用的。

5.2.6 任务操作——利用圆弧指令 MoveC 示教圆形轨迹

1. 任务引入

圆形轨迹属于曲线轨迹的一种特殊形式，第一个轨迹点与最后一个轨迹点重合，如图 5-17 所示，圆形轨迹示教点依次为 p10、p20、p30、p40，需要添加两个 MoveC 指令来完成圆形轨迹的运行。机器人的轨迹规划：先从初始位置运行到 p10 轨迹点上方，然后依次运行到 p10、p20、p30、p40 点，再回到 p10 点上方，完成圆形轨迹的运行，最后回到初始位置。

图 5-16 offs 函数的赋值

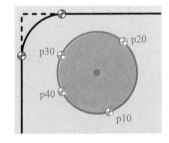

图 5-17 圆形轨迹图

2. 任务要求

掌握利用圆弧指令 MoveC 示教圆形轨迹的方法。

3. 任务实操

序号	操作步骤	示意图
1	新建一个例行程序（方法见 5.1.2），命名为"yuanxing"并点击"显示例行程序"按钮，进入程序编辑界面	
2	参考 5.2.3，在程序编辑器窗口点击"添加指令"菜单，然后选择"MoveAbsJ"指令，将机器人抬到一个安全位置"jpos10"（也可直接使用 5.2.3 中建立的零点"jpos10"），点击"修改位置"按钮，指令添加完成	
3	添加"MoveJ"指令，操作机器人运动到 p10 点，采用"Offs"功能在 p10 点上方设置安全过渡点	

序号	操作步骤	示意图
4	新建目标位置点"p10"（方法参考5.2.4），按照图示点击界面中的"功能"选项卡，选择"Offs"	
5	在如图所示界面中，第一个"〈EXP〉"选择"p10"，本任务需要在 p10 点上方 100 mm 设置目标点，故 X、Y、Z 的值分别为（0，0，100）	
6	按照图示点击"编辑"菜单，选择"仅限选定内容"命令，按键盘上对应的数字键，输入 X 的值并点击"确定"按钮	

续表

序号	操作步骤	示意图
7	重复步骤 6，分别完成 *Y*、*Z* 值的编辑，点击"确定"按钮	
8	采用与更改目标点一样的操作方法，可以尝试对其他参数进行编辑。下面以"v"值的编辑为例介绍操作方法	
9	按照图示点击"v1000"，可在已有的速度数据中选择相应的值进行速度设定，也可以"新建"自己想要设定的速度值	

续表

序号	操作步骤	示意图
10	仿照步骤 9，完成对其他参数的编辑，并点击"确定"按钮	
11	按照图示点击"添加指令"菜单，选择"MoveL"命令，目标点位置选择"p10"，作为圆弧第一个点；此时机器人位置在 p10 点上，点击"修改位置"按钮，记录该点位置数据	
12	按照图示点击"添加指令"菜单，选择"MoveC"命令，定义圆弧曲率和圆弧第二点和第三点，即 p20 和 p30	

续表

序号	操作步骤	示意图
13	按照图示选中"p20"，操控手动操纵杆，使机器人运动到 p20 点上，点击"修改位置"按钮，记录该点位置数据	
14	按照图示选中"p30"，采用与步骤 13 相同的方法，记录 p30 的位置数据，完成一个半圆弧的示教编程	
15	按照图示点击"添加指令"菜单，选择"MoveC"命令，完成圆的另一半圆弧；此时 p30 点作为此半圆弧的第一点	

续表

序号	操作步骤	示意图
16	采用步骤13、14的方法，完成圆的第二段半圆弧的示教编程；第二段半圆弧三个点分别为 p30、p40、p10，程序如图所示	
17	参考 5.2.4，依次添加 "MoveJ…" 和 "MoveAbsJ…" 程序语句，并将 "MoveJ" 更改为 "MoveL"；指使机器人回到安全位置，程序如图所示	
18	在完成圆形轨迹的示教编程后，可以尝试使用在 5.2.2 和 5.2.3 中学习到的调试方法，对程序进行调试	

5.2.7　任务操作——利用线性运动指令 MoveL 示教三角形轨迹

1. 任务引入

三角形轨迹示教点如图 5-18 所示，依次为 p50、p60、p70。机器人的轨迹规划是：先从初始位置运行到 p50 轨迹点上方，然后依次运行到 p50、p60、p70、p50 点，再回到 p50 点上方，完成三角形轨迹的运行，最后回到初始位置。

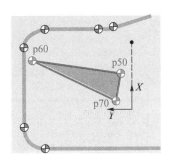

图 5-18　三角形轨迹图

2. 任务要求

掌握利用线性运动指令 MoveL 示教三角形轨迹的方法。

3. 任务实操

序号	操作步骤	示意图
1	新建一个例行程序，命名为"sanjiaoxing"并点击"显示例行程序"按钮，进入到程序编辑界面	
2	在 5.2.6 中，建立了安全点"jpos10"，这里可以直接应用；点击"添加指令"菜单，完成第一句程序	

续表

序号	操作步骤	示意图
3	添加"MoveJ"指令，操作机器人运动到 p50 点；采用"Offs"功能在 p50 点上方设置安全过渡点（具体操作步骤与5.2.6 中相似），程序如图所示	
4	点击"添加指令"菜单，选择"MoveL"命令，目标点位置选择"p50"，作为圆弧第一个点；此时机器人位置在 p50 点上，点击"修改位置"按钮，记录该点位置数据	
5	依次使用"MoveL"指令，完成 p60、p70 点的程序语句编写；在编写程序语句的过程中，应记录每一个目标点的位置数据，点击"修改位置"按钮进行保存，程序如图所示	

续表

序号	操作步骤	示意图
6	复制、粘贴 "MoveL p50..." 程序语句，完成三角形轨迹的示教，程序如图所示	
7	完成三角形轨迹的示教点编写；采用 5.2.4 中的方法，依次将 "MoveJ..." 和 "MoveAbsJ..." 程序语句复制、粘贴到程序中	
8	将指使机器人回到安全位置的程序语句中的 "MoveJ ..." 更改为 "MoveL..."（具体方法在 5.2.4 中介绍过）	微课 程序的调试
9	到此完成三角形轨迹的示教编程，之后对程序进行调试	

PPT 📱

工件坐标数据
wobjdata

5.2.8　工件坐标系及偏移

工件坐标系对应工件，其定义位置是相对于大地坐标系（或其他坐标系）的位置，其目的是使机器人的手动运行以及编程设定的位置均以该坐标系为参照。机器人可以拥有若干工件坐标系，或者表示不同工件，或者表示同一工件在不同位置的若干副本。机器人在出厂时有一个预定义的工件坐标系 wobj0，默认与基坐标系一致。

设定工件坐标系时，通常采用三点法。只需在对象表面位置或工件边缘角位置上，定义三个点位置，来创建一个工件坐标系。其设定原理如下：

① 手动操纵机器人，在工件表面或边缘角的位置找到一点 $X1$ 作为 X 轴上一点。

⚠️ 提示：当 $X1X2$ 与 $X1Y1$ 连线垂直时，$X1$ 为坐标系的原点。

② 手动操纵机器人，沿着工件表面或边缘找到一点 $X2$，$X1$、$X2$ 确定工件坐标系的 X 轴的正方向，（$X1$ 和 $X2$ 距离越远，定义的坐标系轴向越精准）。

③ 手动操纵机器人，在 XY 平面上并且 Y 值为正的方向找到一点 $Y1$，确定坐标系的 Y 轴正方向。

对机器人进行编程时，在工件坐标中创建目标和路径的优点：

① 更改工件坐标的位置，便可重新定位工作站中的工件，所有路径也将随之更新。

② 由于整个工件可连同其路径一起移动，故可以操作借外部轴或传送导轨移动的工件。

如图 5-19 所示，在工件坐标系 1 中进行了轨迹编程，而工件因加工需要坐标位置变化成工件坐标系 2。这时只需在机器人系统中重新定义工件坐标系为工件坐标系 2，轨迹相对于工件坐标系 1，和相对于工件坐标系 2 的关系是一样的，并没有因为整体偏移而发生变化，所以机器人的轨迹将自动更新到工件坐标系 2 中，不需要再次进行轨迹编程。

微课 📱

建立工件坐标系
并测试准确性

图 5-19　坐标偏移示意图

5.2.9　任务操作——建立工件坐标系并测试准确性

1. 任务引入

工件坐标数据 wobjdata（可参考 3.4.8）与工具数据 tooldata 一样，

是机器人系统的一个程序数据类型,用于定义机器人的工件坐标系。出厂默认的工件坐标系数据被存储在命名为 wobj0 的工件坐标数据中,和工具数据 tooldata 一样,编辑工件坐标数据 wobjdata 可以对相应的工件坐标系进行修改(具体操作参考 3.4.10)。其对应的设置参数可参考表 3-2,在手动操纵机器人进行工件坐标系设定过程中,系统自动将表中数值填写到示教器中。如果已知工件坐标的测量值,则可以在示教器 wobjdata 设置界面中对应的设置参数下输入这些数值,以设定工件坐标系。

2. 任务要求

掌握如何建立工件坐标系和测试其准确性。

3. 任务实操

序号	操作步骤	示意图
1	按照图示选择"手动操纵"选项,进入手动操纵界面	
2	按照图示,在手动操纵界面选择"工件坐标"选项	

续表

序号	操作步骤	示意图
3	按照图示，点击"新建"按钮，更多新建方法请参考3.4.9中工具坐标系建立的相关方法及步骤	
4	对工件数据属性进行设定后，点击"确定"按钮	
5	按照图示，选择新建的工件坐标"wobj1"，打开编辑菜单，选择"定义..."命令	

续表

序号	操作步骤	示意图
6	在工件坐标定义界面将"用户方法"设定为"3 点"	
7	按照图示，手动操纵机器人使其工具的参考点靠近定义工件坐标的 X1 点，案例选择坐标系原点与 X1 点。点击"修改位置"按钮，记录 X1 点的位置数据	
8	手动操纵机器人使其工具的参考点靠近定义工件坐标的 X2 点，点击图示的"修改位置"按钮，记录 X2 点的位置数据	

续表

序号	操作步骤	示意图
9	$X1$ 和 $X2$ 确定 X 坐标轴的正方向，且 $X1$ 和 $X2$ 距离越远，定义的坐标系轴向越精准。图示为 $X2$ 点的方向位置	
10	在 XY 平面上并且 Y 值为正的方向找到一点 $Y1$，确定坐标系的 Y 轴正方向	
11	手动操纵机器人使其工具的参考点靠近定义工件坐标的 $Y1$ 点，点击图示"修改位置"按钮，记录 $Y1$ 点的位置数据	

提示：务必确保 $X1X2$ 连线和 $X1Y1$ 连线垂直，否则 $X1$ 点就不是原点。

续表

序号	操作步骤	示意图
12	三点位置数据设置完成，按照图示在窗口中点击"确定"按钮	手动　System2 (DESKTOP-HVBC0F8)　电机开启　已停止 (速度 100%) 程序数据 → wobjdata → 定义 工件坐标定义 工件坐标：　wobj1　　活动工具：too10 为每个框架选择一种方法，修改位置后点击"确定"。 用户方法：3 点　　目标方法：未更改 点　　状态　　1 到 2 共 2 用户点 X 1　　已修改 用户点 X 2　　已修改 用户点 Y 1　　已修改 位置　修改位置　确定　取消 手动操纵　　ROB_1
13	确认好自动生成的工件坐标数据后，按照图示点击"确定"按钮	手动　System3 (DESKTOP-HVBC0F8)　电机开启　已停止 (速度 100%) 程序数据 → wobjdata → 定义 – 工件坐标定义 计算结果 工件坐标：　wobj1 点击"确定"确认结果，或点击"取消"重新定义源数据。 1 到 6 共 6 用户方法：　WobjFrameCalib X:　459.6213 毫米 Y:　68.66953 毫米 Z:　365.3316 毫米 四个一组 1　0.99999988079071 四个一组 2　0.0005433474443453968 确定　取消 手动操纵　ROB_1
14	在工件坐标系界面中选中"wobj1"，然后点击"确定"按钮，即可完成工件坐标系的切换	手动　System3 (DESKTOP-HVBC0F8)　电机开启　已停止 (速度 100%) 手动操纵 – 工件 当前选择：　wobj1 从列表中选择一个项目。 工件名称　模块　　范围 1 到 2 共 2 wobj0　RAPID/T_ROB1/BASE　全局 wobj1　RAPID/T_ROB1/MainModule　任务 新建…　编辑　确定　取消 手动操纵　ROB_1

续表

序号	操作步骤	示意图
15	按照图示选择新创建的工件坐标系"wobj1",按下使能器按钮,控制机器人在工件坐标系下进行线性运动,测试其准确性	手动 System3 (DSSKTOP-HVHCOF0)　电机开启 已停止 (速度 100%) 手动操纵 点击属性并更改　位置 坐标中的位置 WorkObject 机械单元: ROB_1... X: 63.86 mm 绝对精度: Off Y: 0.00 mm 动作模式: 线性... Z: 0.00 mm 坐标系: 基坐标... q1: 0.27988 工具坐标: tool0... q2: -0.74549 工件坐标: wobj1... q3: 0.55854 有效载荷: load0... q4: -0.23226 操纵杆锁定: 无... 位置格式... 增量: 无... 操纵杆方向 X Y Z 对准... 转到... 启动... 手动操纵 ROB_1

5.2.10 任务操作——利用工件坐标系偏移三角形示教轨迹

1. 任务引入

在5.2.8中介绍了坐标的偏移,可以简单理解为切换工件坐标系可以实现示教轨迹的偏移。在本任务操作中,将实现三角形轨迹从坐标系1(图5-20)到坐标系2的偏移。

图5-20 利用工件坐标系偏移三角形轨迹

2. 任务要求

掌握利用工件坐标系实现三角形轨迹的偏移的方法。

3. 任务实操

序号	操作步骤	示意图
1	按照 5.2.9 中步骤 1~13 完成工件坐标系 "wobj1" 和 "wobj2" （如图所示）的新建和定义	
2	"wobj1" 和 "wobj2" 中将 "用户方法" 设定为 "3 点"，点 $X1$、$X2$、$Y1$ 的位置如图所示	
3	在手动操纵界面中选择对应的工件坐标系 "wobj1"，新建例行程序 "pianyi"，先完成三角形轨迹的示教编程	
4	将例行程序 "pianyi" 中的工件坐标系更改为 "wobj2"，便可实现三角形轨迹的偏移；按照图示双击程序句中的 "wobj1"	

续表

序号	操作步骤	示意图
5	按照图示选择 "wobj2"，点击"确定"按钮	
6	按照步骤4和步骤5的方法，将除安全点"jpos10"之外的其他程序语句中的工件坐标系全部更新为"wobj2"	
7	手动运行例行程序，在运行过程中会发现，三角形的轨迹从"①"偏移到"②"	

5.2.11　任务操作——更改运动指令参数实现轨迹逼近

1. 任务引入

运动指令：MoveL p1，v200，z10，tool1\\Wobj1，说明机器人的 TCP 以线性运动方式从当前位置向 p1 点前进，速度是 200 mm/s，转弯区数据是 10 mm 即表示在距离 p1 点还有 10 mm 的时候开始转弯（图 5-21），使用的工具数据（tooldata）是 tool1，工件坐标数据（wobjdata）是 wobj1。在 5.2.1 中介绍到转弯区数据，其数值越大，机器人的动作越圆滑与流畅。

图 5-21　运动指令参数示意图

2. 任务要求

掌握通过更改运动指令参数实现轨迹逼近的方法。

3. 任务实操

序号	操作步骤	示意图
1	按照图示 3D 轨迹板的外轮廓上点 p9 到点 p11 用线性运动指令编程	
2	使用 "MoveL" 指令，对点 p9（p90）、p10（p100）、p11（p110）进行示教编程，程序如图所示；运行程序，观察运动路径（应该可以见到在 p10 点处走的是黑色虚线）	

模拟赛题

复杂轨迹涂胶

续表

序号	操作步骤	示意图
3	现需要通过更改运动指令参数"z"实现 3D 轨迹板的外轮廓上点 p10 的（图示左上角方框内圆弧轨迹）逼近	
4	更改运动指令参数"z"，程序如图所示	
5	运行程序并观察运动轨迹，与之前路径进行对比	

5.2.12　任务操作——综合运用运动指令示教复杂轨迹

1. 任务引入

在本任务操作中，结合 5.2.1 中学习到的常用运动指令，完成复杂轨迹的示教，如图 5-22 所示。

2. 任务要求

掌握综合运用运动指令示教复杂轨迹的方法。

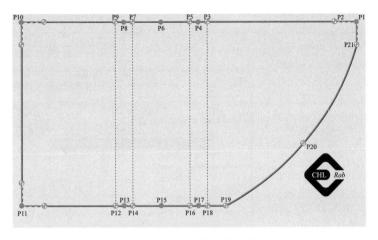

图 5-22　复杂轨迹示意图

3. 任务实操

序号	操作步骤	示意图
1	按照图示新建例行程序，命名为"fuza-guiji"，具体操作方法在 5.1.2 中有详细介绍	
2	首先使用指令"MoveAbsJ"，将机器人移动至初始点位置（任意安全位置即可），双击指令中的"＊"符号，进入界面，点击"新建"按钮，取名为"home"，程序如图所示，点击"修改位置"按钮，记录初始点位置数据（其他参数的修改方法参考 5.2.6）	

续表

序号	操作步骤	示意图
3	将机器人 TCP 点移动至 P1 点上方某一位置，添加指令"MoveJ"，在此位置新建点"p0"，程序如图所示。点击底栏的"修改位置"按钮，机器人系统记录下 p0 点的位置数据	
4	将机器人 TCP 点移动至 P1 点，添加指令"MoveL"；点击"p10"，使"p10"处于光标下，点击底栏的"修改位置"按钮，机器人系统记录下 p10 点的位置数据，程序如图所示。注意新建点位数据过程中，点位名称自动自 p10 开始编号，依次为 p10、p20、p30…此处不做修改，默认轨迹中 p1 点对应于 p10 点，依次类推	
5	参照步骤 4 连续添加"MoveL"指令，分别在机器人 TCP 移动至 p2、p3 点时，点击"修改位置"按钮，示教机器人末端工具完成此两段直线轨迹的运动，程序如图所示	

拓展阅读

工业机器人系统
操作员技能标准
中的要求 5

续表

序号	操作步骤	示意图
6	实际的 3D 工作台在点 P3—P19 位置、P12—P18 位置，点 P19—P21 位置轨迹为空间的圆弧轨迹，因此在这些位置会用到圆弧运动指令。以 p3—p5 段圆弧为例，按照图示添加"MoveC"指令（指令用法参考 5.2.6）	
7	采用与步骤 6 相同的方法，添加 p5—p7 和 p7—p9 两端圆弧指令，程序如图所示	
8	以此类推，采用相同的方法，通过示教器操纵机器人，在不同的点添加相应的程序指令，并点击"修改位置"按钮，记录位置数据，程序如图所示	

续表

序号	操作步骤	示意图
9	最后按照图示添加指令语句"MoveAbsJ…",移动至机器人"home"点,轨迹的精确定位编程完成	

思考题答案

思考题

1. 填空题

① 工业机器人在空间上的运动方式主要有_____、_____、_____、_____这 4 种,每一种运动方式对应一个运动指令。

② 程序调试控制按钮有_____、_____、_____、_____。

③ 位置偏移函数是指示机器人以_____位置为基准,在其 X、Y、Z 轴方向上进行偏移的命令。

2. 判断题

① MoveAbsJ 指令常用于机器人回到机械零点的位置或 Home 点。(　　)

② 工具数据 tooldata 是机器人系统的一个程序数据类型,用于定义机器人的工件坐标系。　(　　)

③ 转弯区数据是 10 mm 即表示在距离目标点还有 10 mm 的时候开始转弯。(　　)

任务 5.3　程序数据的定义及赋值

PPT

程序数据类型与分类

5.3.1　常用数据类型及定义方法

任务 5.2 是操作机器人执行简单的运动轨迹,要想实现复杂的逻辑判断和流程设计还需进行下面知识内容的学习。

在前文的 5.1.1 中提到过 RAPID 语言中共有上百种程序数据,数据中存放的是编程需要用到的各种类型的常量和变量。在这里介绍一些常用的数据类型及定义方法，如图 5-23 所示为"程序数据"的界面窗口。

图 5-23　程序数据界面

程序数据的存储类型可以分为三大类：变量 VAR，可变量 PERS 和常量 CONTS。它们三个数据存储类型的特点如下：

① 变量 VAR：在执行或停止时，会保留当前的值，当程序指针被移到主程序后，数值会丢失。定义变量时可以赋初始值，也可以不赋初始值。

② 可变量 PERS：不管程序的指针如何，都会保持最后被赋予的值。在定义时，所有可变量必须被赋予一个相应的初始值。

③ 常量 CONTS：在定义时就被赋予了特定的数值，并不能在程序中进行改动，只能手动进行修改。在定义时，所有常量必须被赋予一个相应的初始值。

在新建程序数据时，可在其声明界面（图 5-24）对程序数据类型的名称、范围、存储类型、任务、模块、例行程序和维数进行设定。数据参数说明见表 5-7。

图 5-24　数据声明界面

表 5-7　数据参数说明

数据设定参数	说明
名称	设定数据的名称
范围	设定数据可使用的范围，分全局、本地和任务三个选择，全局是表示数据可以应用在所有的模块中；本地是表示定义的数据只可以应用于所在的模块中；任务则是表示定义的数据只能应用于所在的任务中
存储类型	设定数据的可存储类型：变量，可变量，常量
任务	设定数据所在的任务
模块	设定数据所在的模块
例行程序	设定数据所在的例行程序
维数	设定数据的维数，数据的维数一般是指数据不相干的几种特性
初始值	设定数据的初始值，数据类型不同初始值不同，根据需要选择合适的初始值

　　下面对常用的数据进行详细介绍，为后续编写程序打好基础。程序数据是根据不同的数据用途进行定义的，常用的程序数据类型有：bool，byte，clock，jointtarget，loaddata，num，pos，robjoint，speeddata，string，tooldata 和 wobjdata 等。不同类型的常用程序数据的用法如下：

　　① bool：布尔量，用于逻辑值，bool 型数据值可以为 true 或 false。

　　例如：VAR　bool　flag1；

　　flag1：= true；

　　② byte：用于符合字节范围（0～255）的整数数值，代表一个整数字节值。

　　例如：VAR　byte　data1：= 130；

　　③ clock：用于时间测量，功能类似秒表，用于定时；存储时间测量值，以 s 为单位，分辨率为 0.001 s 且必须为 VAR 变量。

　　例如：VAR　clock　myclock；

　　ClkReset　myclock；

　　重置时钟 clock。

　　④ jointtarget：用于通过指令 MoveAbsJ 确定机械臂和外轴移动到的位置，规定机械臂和外轴的各单独轴位置。其中 robax axes 表示机械臂轴位置，以度为单位。extemal axes 表示外轴的位置，对于线性外轴，其位置定义为与校准位置的距离（mm）；对于旋转外轴，其位置定义为从校准位置起旋转的度数。

　　例如：CONTS　jointtarget　calib_pos：= [　[0,0,0,0,0,0],[0,9E9,9E9,9E9,9E9,9E9]　]；

定义机器人在 calib_pos 的正常校准位置，以及外部轴 a 的正常校准值位置值 0（度或毫米），未定义外轴 b~f。

⑤ loaddata：用于描述附于机械臂机械界面（机械臂安装法兰）的负载，负载数据常常定义机械臂的有效负载或支配负载（通过定位器的指令 GripLoad 或 MechUnitLoad 来设置），即机械臂来具所施加的负载。同时将 loaddata 作为 tooldata 的组成部分，以描述工具负载。loaddata 参数见表 5-8。

表 5-8　loaddata 参数

序号	参数	名称	类型	单位
1	mass	负载的质量	num	kg
2	cog	有效负载的重心	pos	mm
3	aom	矩轴的姿态	orient	
4	inertia x	力矩 x 轴负载的惯性矩	num	$kg \cdot m^2$
5	inertia y	力矩 y 轴负载的惯性矩	num	$kg \cdot m^2$
6	inertia z	力矩 z 轴负载的惯性矩	num	$kg \cdot m^2$

例如：PERS loaddata piece1：=[5,[50,0,50],[1,0,0,0],0,0,0];

质量 5 kg，重心坐标 $x=50$，$y=0$ 和 $z=50$ mm，有效负载为一个点质量。

⑥ num：此数据类型的值可以为整数（例如-5）和小数（例如 3.45），也可以呈指数形式写入（例如 2E3=2×10^3），该数据类型始终将-8 388 607 与+8 388 608 之间的整数作为准确的整数储存。小数仅为近似数字。因此，不得用于等于或不等于对比。若为使用小数的除法运算，则结果也将为小数，即并非一个准确的整数。

例如：VAR num reg1；

…

reg1：=3；

将 reg1 指定为值 3。

⑦ pos：用于各位置（仅 X、Y、Z），描述 X、Y 和 Z 位置的坐标。其中 X、Y 和 Z 参数的值均为 num 数据类型。

例如：VAR　pos　pos1；

…

Pos1：=[500,0,940];

pos1 的位置为 $X=500$ mm，$Y=0$ mm，$Z=940$ mm。

⑧ robjoint：robjoint 用于定义机械臂轴的位置，单位度。robjoint 类数据用于储存机械臂轴 1 到 6 的轴位置，将轴位置定义为各轴（臂）从轴校准位置沿正方向或负方向旋转的度数。

例如：rax_1：robot axis 1；

机械臂轴 1 位置距离校准位置的度数，数据类型 num。

⑨ speeddata：用于规定机械臂和外轴均开始移动时的速率。速度数据定义以下速率：工具中心点移动时的速率；工具的重新定位速度；线性或旋转外轴移动时的速率。当结合多种不同类型的移动时，其中一个速率常常限制所有运动。这时将减小其他运动的速率，以便所有运动同时停止执行。与此同时通过机械臂性能来限制速率，将会根据机械臂类型和运动路径而有所不同。

例如：VAR speeddata vmedium：=[1 000,30,200,15]；

定义速度数据 vmedium，对于 TCP，速率为 1 000 mm/s；对于工具的重新定位，速率为 30°/s；对于线性外轴，速率为 200 mm/s；对于旋转外轴，速率为 15°/s。

⑩ string：用于字符串。字符串由一系列附上引号（" "）的字符（最多80 个）组成，例如" 这是一个字符串"。如果字符串中包括引号，则必须保留两个引号，例如" 本字符串包含一个" " 字符"。如果字符串中包括反斜线，则必须保留两个反斜线符号，例如" 本字符串包含一个 \\字符"。

例如：VAR string text；

…

text：=" start welding pipe 1"；

TPWrite text；

在 FlexPendant 示教器上写入文本"start welding pipe 1"。

⑪ tooldata：用于描述工具（例如焊枪或夹具）的特征。此类特征包括工具中心点（TCP）的位置和方位以及工具负载的物理特征。如果工具得以固定在空间中（固定工具），则工具数据首先定义空间中该工具的位置和方位以及 TCP。随后，描述机械臂所移动夹具的负载。

例如：PERS tooldata gripper ：=[TRUE,[[97.4,0,223.1],[0.924,0,0.383,0]],[5,[23,0,75],[1,0,0,0],0,0,0]]；

机械臂正夹持着工具，TCP 所在点与安装法兰的直线距离为 223.1 mm，且沿腕坐标系 X 轴 97.4 mm；工具的 X' 方向和 Z' 方向相对于腕坐标系 Y 方向旋转 45°；工具质量为 5 kg；重心所在点与安装法兰的直线距离为 75 mm，且沿腕坐标系 X 轴 23 mm；可将负载视为一个点质量，即不带任何惯性矩。

⑫ wobjdata：用于描述机械臂处理其内部移动的工件，例如焊接。如果在定位指令中定义工件，则位置将基于工件坐标。如果使用固定工具或协调外轴，则必须定义工件，因为路径和速率随后将与工件而非 TCP 相关。工件数据亦可用于点动：可使机械臂朝工件方向点动，根据工件坐标系，显示机械臂当前位置。

例如：PERS wobjdata wobj2：=[FALSE,TRUE," " ,[[300,600,200],[1,0,0,0]],[[0,200,30],[1,0,0,0]]]；

"FALSE"代表机械臂未夹持着工件，"TRUE"代表使用固定的用户坐标系。用户坐标系不旋转，且其在大地坐标系中的原点坐标为 $x = 300$ mm、$y = 600$ mm 和 $z = 200$ mm；目标坐标系不旋转，且其在用户坐标系中的原点坐标为

$x=0$、$y=200\,\mathrm{mm}$ 和 $z=30\,\mathrm{mm}$。

例如：wobj2. oframe. trans. z：=38.3；

将工件 wobj2 的位置调整至沿 z 方向 38.3 mm 处。

5.3.2 常用的数学运算指令

RAPID 程序指令含有丰富的功能，按照功能的用途可以对其进行分类。
本书重点介绍日常编程中运用到的一些常用的数学运算指令。

1. Clear

用于清除数值变量或永久数据对象，即将数值设置为0。

例如：Clear reg1；

Reg1 得以清除，即 reg1：=0。

2. Add

用于从数值变量或者永久数据对象增减一个数值。

例如：Add reg1,3；

将 3 增加到 reg1，即 reg1：=reg1+3。

例如：Add reg1,−reg2；

reg2 的值得以从 reg1 中减去，即 reg1：=reg1−reg2。

3. Incr

用于向数值变量或者永久数据对象增加1。

例如：VAR num no_of_parts：=0；

…

WHILE stop_production=0 DO

produce_part；

Incr no_of_parts；

TPWrite" No of produced parts=" \\Num：=no_of_parts；

ENDWHILE

更新 FlexPendant 示教器上各循环所产生的零件数。只要未设置输入信号
stop_production，则继续进行生产。

4. Decr

用于从数值变量或者永久数据对象减去1，与 Incr 用法一样，但是作用刚
好相反。

例如：VAR dnum no_of_parts：=0；

…

TPReadDnum no_of_parts," How many parts should be produced?"；

WHILE no_of_parts>0 DO

produce_part；

Decr no_of_parts；

ENDWHILE

要求操作员输入待生产零件的数量。变量 no_of_parts 用于统计必须继续

生产的数量。

5.3.3　赋值指令与程序数据的两种赋值方法

赋值指令"：="如图 5-25 所示，用于对程序中的数据进行赋值，赋值的方式可以为将一个常量赋值给程序数据，还可以为将数学表达式赋值给程序数据，方法示例如下：

① 常量赋值：reg1：=5。

② 表达式赋值：reg2：=reg1+4。

数据赋值时，变量与值数据类型必须相同。程序运行时，常量数据不允许赋值。

图 5-25　赋值指令示意图

还可以通过赋值指令，运用表达式的方法实现数学计算中像加减乘除这样的基础运算。选择"：="后，在图 5-26 所示的界面中点击"+"，便可进行加减乘除表达式的编辑。

图 5-26　表达式编辑示意图

5.3.4 任务操作——定义数值数据变量并赋值

1. 任务要求

掌握定义数值数据变量 count 并赋值的方法。

2. 任务实操

序号	操作步骤	示意图
1	按照图示在主菜单界面找到并点击"程序数据"选项	
2	程序数据界面如图所示,点击右下角"视图"菜单可以选择显示的数据类型,在数据类型中选择"num",或点击右下角的"显示数据"按钮,进入数值数据界面	
3	点击"新建"按钮	

微课

定义数值数据变量并赋值

续表

序号	操作步骤	示意图
4	定义一个数值数据"count"	
5	对数值数据"count"进行常量赋值的操作方法有两种。第一种方法，在定义界面点击左下角的"初始值"按钮	
6	在界面中点击"0"，可以对"count"进行赋值	

续表

序号	操作步骤	示意图
7	第二种方法，即采用赋值指令"：="，实现"count"的赋值	
8	找到赋值指令并点击，在图示界面中找到数值数据变量"count"并点击	
9	选中"EXP"，点击"编辑"菜单并选择"仅限选定内容"命令，进行常量的赋值	

续表

序号	操作步骤	示意图
10	表达式赋值方法：可以点击"新建"命令新建变量，也可以在"数据"列表中选择已定义过的变量	
11	选中"reg1"，点击图示中右侧的"+"号可以调出运算符调用界面，编辑表达式	
12	在列表中选择所需运算符号	

续表

序号	操作步骤	示意图
13	图示运算符号后的"EXP"，同样可以设置成变量或者常量，方法参考步骤9和步骤10	
14	点击"确定"按钮，即可完成"count"的赋值	

 思考题

1. 填空题

① 程序数据的存储类型可以分为三大类，分别为_____、_____和_____。

② 在定义程序数据时，所有_____量必须被赋予一个相应的初始值。

③ 在新建程序数据时，可在其声明界面设定数据可使用的范围，分为_____、_____和_____三个选择，其中_____是表示数据可以应用在所有的模块中。

2. 简答题

① 程序数据有哪几种赋值方法？

② 可以用哪种常用的数学运算指令实现加减运算？

思考题答案

PPT

机器人的逻辑判断
指令

任务 5.4　逻辑判断指令与调用例行程序指令的应用

5.4.1　常用的逻辑判断指令及用法

逻辑判断指令用于对条件进行判断后，执行满足其对应条件的相应的操作。常用的条件判断指令有 Compact IF，IF，FOR，WHILE 和 TEST。

1. Compact IF

紧凑型条件判断指令，用于当一个条件满足了以后，就执行一句指令。

例如：IF reg1＝0　reg1：＝reg1+1；

如果 reg1＝0，将 reg1+1 赋值给 reg1。

2. IF

条件判断指令，满足 IF 条件，则执行满足该条件下的指令。

例如：IF reg1>5 THEN

Set do1；

Set do2；

ENDIF

仅当 reg1 大于 5 时，设置信号 do1 和 do2。

例如：IF counter>100 THEN

counter：＝100；

ELSEIF counter<0 THEN

counter：＝0；

ELSE

counter：＝counter+1；

ENDIF

通过赋值加 1，使 counter 增量。但是，如果 counter 的数值超出限值 0～100，则向 counter 分配相应的限值。

3. FOR

重复执行判断指令，用于一个或多个指令需要重复执行多次的情况。

例如：FOR　i　FROM 1 TO 10 DO

routine1；

ENDFOR

重复执行 routine1 10 次。

4. WHILE

条件判定指令，用于满足给定条件的情况下，重复执行对应指令。

例如：WHILE reg1<reg2 DO

…

reg1：＝reg1+1；

ENDWHILE

只要 reg1<reg2，则重复 WHILE 块中的指令。

5. TEST

根据表达式或数据的值，执行不同指令。当有待执行不同的指令时，使用 TEST。

例如：TEST reg1

CASE1,2,3：

routine1；

CASE4：

routine2；

DEFAULT：

TPWrite" Illegal choice"；

ENDTEST

根据 reg1 的值，执行不同的指令。如果该值为 1、2 或 3 时，则执行 routine1。如果该值为 4，则执行 routine2。否则，打印出错误消息。

以上介绍的这几种指令各自的用途和优势。紧凑型条件判断指令是只有满足条件时才能执行指令；条件判断指令基于是否满足条件，执行指令序列；重复执行判断指令重复一段程序多次，可以简化程序语句；条件判定指令重复指令序列，直到满足给定条件。一个 TEST 指令便可以对不同情况进行处理。

5.4.2　ProcCall 调用例行程序指令的用法

在实际应用中，在一个完整的生产流程里，机器人经常会需要重复执行某一段动作或逻辑判断，这时需要按照重复的流程编写重复的程序吗？不需要。一般来说，设计机器人程序时，需要根据完整的工作流程分解和提取出相对独立的小流程，进而为独立小流程编制对应的程序。在流程重复时只需要反复调用对应程序即可。RAPID 语言中设置了调用例行程序的专用指令 ProcCall。

ProcCall 调用例行程序指令（图 5-27）是用于调用现有例行程序（Procedure）的指令。当程序执行到该指令时，执行完整的被调用例行程序。当执行完此

图 5-27　ProcCall 调用例行程序指令

例行程序后，程序将继续执行调用后的指令语句。程序可相互调用，也可自我调用（即递归调用）。

Procedure 类型的程序没有返回值，可以用指令直接调用；Function 类型的程序有特定类型的返回值，必须通过表达式调用；Trap 例行程序不能在程序中直接调用。

微课

利用 IF 指令实现
圆形和三角形示
教轨迹的选择

5.4.3　任务操作——利用 IF 指令实现圆形和三角形示教轨迹的选择

1. 任务引入

在此任务操作中使用 IF 条件判断指令，实现圆形和三角形示教轨迹的选择，当数据变量 D = 1 时，机器人走圆形轨迹；当数据变量 D = 2 时，机器人走三角形轨迹。

2. 任务要求

掌握如何利用 IF 指令和数据变量实现圆形和三角形示教轨迹的选择。

3. 任务实操

序号	操作步骤	示意图
1	按照图示在新建的例行程序中，选择"IF"条件判断指令完成此任务操作	
2	点击图示中的"EXP"	

续表

序号	操作步骤	示意图
3	点击图示中的"更改数据类型…"按钮，选择"num"确定后，点击"新建"命令，完成数据变量"D"的定义	
4	将 D 赋值为 1（方法见 5.3.4，也可直接选用"count"），点击"确定"按钮	
5	点击图示中的"ProCall"指令调用圆形轨迹的示教编程（详见 5.2.6）	

续表

序号	操作步骤	示意图
6	在图示的子程序调用的列表中找到"yuanxing"并点击，点击右下角的"确定"按钮完成圆形轨迹程序的调用	
7	选中"IF"语句，点击"添加指令"菜单，并选择"：="指令，完成数据变量"D"的增1	
8	参考 5.3.4 中的操作，完成如图所示的赋值表达式并点击"确定"按钮	

续表

序号	操作步骤	示意图
9	参考步骤 1~6，完成三角形轨迹示教编程的调用，程序如图所示	
10	最后，可以尝试用学习过的调试方法和操作步骤，对程序进行调试和观察	

思考题答案

 思考题

1. 填空题

① 逻辑判断指令用于对条件进行判断后，执行满足对应其条件的相应的操作。常用的条件判断指令有 _____，_____，_____，_____ 和 _____。

② _____ 调用例行程序指令，是用于调用现有例行程序 Procedure 的指令。

③ _____ 类型的程序没有返回值，可以用指令直接调用；_____ 类型的程序有特定类型的返回值，必须通过表达式调用；_____ 例行程序不能在程序中直接调用。

2. 简答题

① 解读程序：

IF reg1 = 1　reg1 := reg1 + 3

② 解读程序：

FOR　i　FROM 1 TO 15 DO

routine1;

ENDFOR

③ 解读程序：

TEST reg1

```
CASE 1,4 :
routine1 ;
CASE 2,3 :
routine2 ;
DEFAULT :
TPWrite " Illegal choice " ;
ENDTEST
```

🦾 任务 5.5   I/O 控制指令

5.5.1   常用的 I/O 控制指令及用法

I/O 控制指令用于控制 I/O 信号，以实现机器人系统与机器人周边设备进行通信。在工业机器人中，主要是指通过对 PLC 的通信设置来实现信号的交互，例如当打开相应开关，使 PLC 输出信号，机器人系统接收到信号后，做出对应的动作，以完成相应的任务。

1. Set 数字信号置位指令

如图 5-28 所示，添加 "Set" 指令。Set 数字信号置位指令用于将数字输出（Digital Output）置位为 "1"。

图 5-28

2. Reset 数字信号复位指令

如图 5-29 所示，添加 "Reset" 指令。Reset 数字信号复位指令用于将数字输出（Digital Output）置位为 "0"。

图 5-29

3. SetAO

用于改变模拟信号输出信号的值。

例如：SetAO ao2,5.5;

将信号 ao2 设置为 5.5。

4. SetDO

用于改变数字信号输出信号的值。

例如：SetDO do1,1;

将信号 do1 设置为 1。

5. SetGO

用于改变一组数字信号输出信号的值。

例如：SetGO go1,12;

将信号 go1 设置为 12。在本书 4.2.4 中定义 go1 占用 8 个地址位，即 go1 输出信号的地址位 4~7 和 0~1 设置为 0，地址位 2 和 3 设置为 1，其地址的二进制编码为 00001100。

6. WaitAI

即 Wait Analog Input 用于等待，直至已设置模拟信号输入信号值。

例如：WaitAI ai1,\GT,5;

仅在 ai1 模拟信号输入具有大于 5 的值之后，方可继续程序执行。其中 GT 即 Greater Than，LT 即 Less Than。

7. WaitDI

Wait Digital Input 用于等待，直至已设置数字信号输入。

例如：WaitDI di1,1;

仅在已设置 di1 输入后，继续程序执行。

8. WaitGI

Wait Group digital Input 用于等待，直至将一组数字信号输入信号设置为指定值。

例如：WaitGI gi1,5;

仅在 gi1 输入已具有值 5 后，继续程序执行。

⚠ 提示:如果在 Set、Reset 指令前有运动指令 MoveL、MoveJ、MoveC 或 MoveAbsJ 的转弯区数据，必须使用 fine 才可以准确地输出 I/O 信号状态的变化，否则信号会被提前触发。

5.5.2　任务操作——利用 Set 指令将数字信号置位

1. 任务要求

掌握利用 Set 数字信号置位指令将 do1 置位的方法。

2. 任务实操

序号	操作步骤	示意图
1	按照图示进入程序编辑器界面，在选择对应的例行程序下添加指令"Set"	
2	在列表中选择所需的 I/O 信号，点击图示中的"do1"，并确定	
3	到此完成信号"do1"的置位程序的编写，如图所示（运行程序后，参考 4.2.5 对信号进行查看）	

思考题

思考题答案

1. 填空题

① _____数字信号复位指令用于将数字输出置位为"0"。

② 如果在 Set、Reset 指令前有运动指令 MoveL、MoveJ、MoveC 或 MoveAbsJ 的转弯区数据，必须使用_____才可以准确地输出 I/O 信号状态的变化，否则信号会被_____。

③ _____用于改变一组数字信号输出信号的值。

2. 判断题

① I/O 控制指令用于控制 I/O 信号，以实现机器人系统与机器人周边设备进行通信。   （   ）

② SetAO 指令用于改变模拟信号输出信号的值。   （   ）

任务 5.6 基础示教编程的综合应用

5.6.1 数组的定义及赋值方法

在程序设计中，为了处理方便，把相同类型的若干变量按有序的形式组织起来，这些按序排列的同类数据元素的集合称为数组。

一维数组是最简单的数组，其逻辑结构是线性表。二维数组在概念上是二维的，即在两个方向上变化，而不是像一维数组只是一个向量；一个二维数组也可以分解为多个一维数组。

数组中的各元素是有先后顺序的，元素用整个数组的名字和它自己所在顺序位置来表示。例如：数组 a[3][4]，是一个三行四列的二维数组，见表 5-9。例如 a[2][3]代表数组的第 2 行第 3 列，故 a[2][3]=6。

表 5-9　二维数组 a[3][4]元素表

	a[ ][1]	a[ ][2]	a[ ][3]	a[ ][4]
a[1][ ]	0	1	2	3
a[2][ ]	4	5	6	7
a[3][ ]	8	9	10	11

在 RAPID 语言中，数组的定义为 num 数据类型。程序调用数组时从行列数"1"开始计算。

例如：MoveL RelTool(row_get, array_get{count,1}, array_get{count,2}, array_get{count,3}), v20, fine, tool0;

此语句中调用数组"array_get"，当 count 值为 1 时，调用的即为"array_

微课

数组的建立与赋值

get"数组的第一行的元素值,使得机器人运动到对应位置点。

5.6.2　WaitTime 时间等待指令及用法

WaitTime 时间等待指令,用于程序中等待一个指定的时间,再往下执行程序。如图 5-30 所示,指令表示等待 3 s 以后,程序向下执行。

⚠ 提示:如果在该指令之前采用 Move 指令,则必须通过停止点(fine)而非飞越点(即 Z 是有数值的点)来编程 Move 指令。否则,不可能在电源故障后重启。

图 5-30　WaitTime 时间等待指令

5.6.3　RelTool 工具位置及姿态偏移函数的用法

RelTool(图 5-31)用于将通过有效工具坐标系表达的位移和/或旋转增加至机械臂位置(解析见表 5-10)。其用法上与前文介绍的 Offs 函数相同,详情参照 5.2.5。

模拟赛题
单层码垛

图 5-31　工具位置及姿态偏移函数

例如:MoveL RelTool(p1,0,0,100),v100,fine,tool1;
沿工具的 Z 轴方向,将机械臂移动至距 p1 达 100 mm 的一处位置。
MoveL RelTool(p1,0,0,0\Rz:=25),v100,fine,tool1;
将工具围绕其 Z 轴旋转 25°

表 5-10　RelTool 参数变量解析

参数	定义	操作说明
p1	目标点位置数据	定义机器人 TCP 的运动目标
0	X 轴方向上的偏移量	定义 X 轴方向上的偏移量
0	Y 轴方向上的偏移量	定义 Y 轴方向上的偏移量
100	Z 轴方向上的偏移量	定义 Z 轴方向上的偏移量
\RX	绕 X 轴旋转的角度	定义 X 轴方向上的旋转量
\RY	绕 Y 轴旋转的角度	定义 Y 轴方向上的旋转量
\RZ：= 25	绕 Z 轴旋转的角度	定义 Z 轴方向上的旋转量

5.6.4　任务操作——利用数组实现搬运码垛

1. 任务引入

在本任务中，码垛的过程为依次从物料架上吸取物料块，搬运至码垛区相应位置，详见图 5-32。

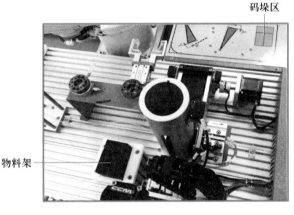

图 5-32　码垛示意图

物料块（尺寸为 50 mm×25 mm×20 mm）从物料架到码垛区过程中的对应位置，如图 5-33 所示。

在本任务中利用数组实现搬运码垛，采用 4 个示教点和 2 个数组来实现码垛程序的编写。程序中运用"Reltool"指令调用数组，在"RelTool"语句中有 4 个可选项，第一个选项定义为参考点（示教点），后面三个选项为三个方向的偏移，全部调用对应数组的数值。

4 个示教点的位置定义如下："row_get"是物料架上物料块 1 上的吸取示教点；"row_put"是码垛区放物料块 1 的示教点；"column_get"是物料架上物料块 3 上的吸取示教点；"column_put"是码垛区放物料块 3 的示教点。

2 个数组分别为取物料数组"array_get"和放物料数组"array_put"，

PPT

利用数组实现搬运码垛

拓展阅读

协作机器人的应用

图 5-33　码垛位置示意图

数组定义为 6 行 3 列的二维数组，每一行中的数值对应物料块在示教点位置 X、Y、Z 方向上的偏移量（第一行对应物料块 1，以此类推）。在取物料时，用 "RelTool" 语句调用 "array_get"；放物料时，用 "RelTool" 语句调用 "array_put"。以物料块 2 的取放为例说明，取物料块 2 时，"RelTool" 调用数组 "array_get" 的第二行的数值；放物料块 2 时，"RelTool" 调用 "array_put" 的第二行的数值。

数组数值的定义与物料块的尺寸相关。取料、放料时，物料块 1 的吸取位置和放置位置相对于 "row_get" 和 "row_put" 示教点的位置都没有任何偏移量，故此时 "array_get" 和 "array_put" 的第一行均为 [0,0,0]。再以物料块 2，举例说明。取物料块时，物料块 2 的吸取位置相对物料块 1 的吸取位置在 Y 的负方向偏移 25 mm（由物料块的尺寸得知），所以此时 "array_get" 第二行为 [0,-25,0]；放物料块时，物料块 2 的放置位置相对物料块 1 的放置位置在 Y 的负方向偏移 25 mm，则 "array_put" 第二行为 [0,-25,0]。物料块 6 的吸取和放置位置是以物料块 3 的吸取示教点和放置示教点进行偏移实现的，取放第 3、6 块物料块时，吸盘工具绕自身 Z 轴调整姿态旋转 90°。在此每个物料块相对应的数组行的数值便可类推得知。

2. 任务要求

掌握利用数组实现搬运码垛的方法。

3. 任务实操

序号	操作步骤	示意图
1	按照图示建立取料二维数组，点击"程序数据"选项	
2	按照图示选择数据类型"num"并点击右下角"显示数据"按钮	
3	点击图示底栏的"新建…"按钮	

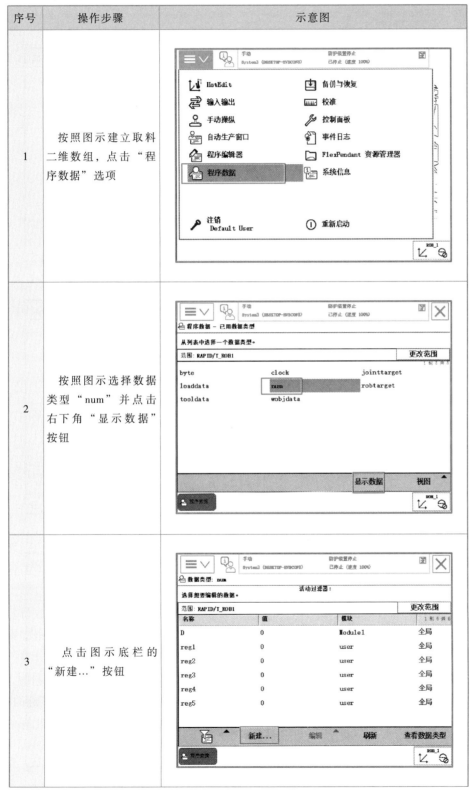

拓展阅读

工业机器人系统操作员技能标准中的要求 6

序号	操作步骤	示意图
4	按照图示将"名称"改为"array _ get","存储类型"选为"常量","维数"选为"2",然后点击右侧"…"按钮	
5	将"第一"改为"6",将"第二"改为"3",此数组为6行3列,点击"确定"按钮	
6	根据预先规划好的使用需求,对此数组中的值进行相应的设置,如图所示。取物料时的数组"array _ get"定义为:[0,0,0],[0,-25,0],[0,0,0],[-25,0,20],[-25,-25,20],[0,-50,20]	

续表

序号	操作步骤	示意图
7	采用相同的方法建立放料数组，命名为"array_put"，对数组中的值进行相应的设置，如图所示。该数组定义为：[0,0,0]，[0,-25,0]，[0,0,0]，[-25,0,-20]，[-25,-25,-20]，[0,-50,-20]	
8	新建例行程序，命名为"maduo"，调整机器人姿态到安全位置下，在示教上添加"MoveAbsJ"指令，修改位置保存当前位置信息，将该点定为"home1"点	
9	参考 5.3.4，完成图示程序语句的编写	

序号	操作步骤	示意图
10	添加循环指令"WHILE"，再双击循环条件"EXP"	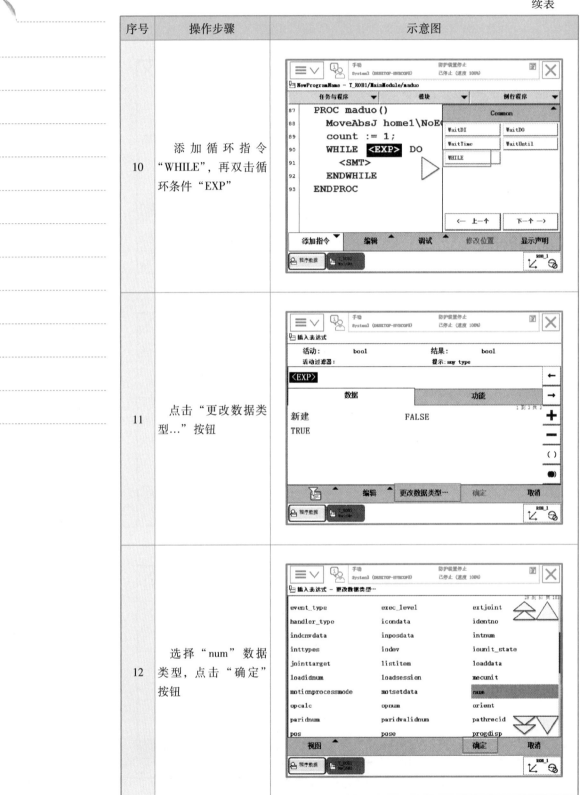
11	点击"更改数据类型…"按钮	
12	选择"num"数据类型，点击"确定"按钮	

续表

序号	操作步骤	示意图
13	将循环条件设置为"count<7"，其中的符号点击右侧"＋"号可以输入，然后点击"确定"按钮	
14	通过手动操纵，将机器人激光头/吸盘工具运动至第一块物料中间的示教点命名为"row_get"，点击"修改位置"按钮，记录下这一点的位置和姿态	
15	添加"MoveL ..."语句	

序号	操作步骤	示意图
16	点击"row_get"，在"功能"模块中选择"Reltool"来调用数组，使机器人可以自动寻找到下一块物料的位置	
17	在"RelTool"后面有 4 个可选项，第 1 个为参考点，选为第 1 个物料的位置"row_get"，后面 3 个方向的偏移全部调用数组"row_get"	
18	如图所示，第 1 块物料夹取点为"row_get"	

续表

序号	操作步骤	示意图
19	在第 1 块物料夹取点上方 80 mm 设置过渡点，在示教器中，程序如图所示。重复此任务步骤 17~19，建立其余 3 个示教点，分别为"row_put""column_get""column_put"	
20	"row_put"示教点的位置如图所示	
21	"column_get"示教点的位置如图所示	

PPT

利用数组实现搬运码垛

续表

序号	操作步骤	示意图
22	"column_put"示教点的位置如图所示	
23	在每一个物料块上方设置过渡点。复制上一条语句，将 Z 方向的偏移设置为适宜的值，然后记得修改从过渡点到取料点的速度	
24	取物料时，调用数组"array_get"；放物料时，调用数组"array_put"。参照码垛程序实例，完成码垛程序的编写	

码垛程序实例：

MoveAbsJ home1,v1000,z50,tool0;调整姿态

count:=1;把 1 赋值给变量 count，记录搬运物料块的数量

WHILE count<7DO

　　TEST count

　　CASE1,2,4,5:

MoveAbsJ home1,v1000,z50,tool0;防止机器人运动状态下发生碰撞的安全点

　　MoveL RelTool(row_get,array_get{count,1},array_get{count,2},-80),v200,fine,tool0;吸取物料示教点正上方过渡点

　　MoveL RelTool(row_get,array_get{count,1},array_get{count,2},array_get{count,3}),v20,fine,tool0;吸取物料示教点

　　WaitTime 0.5;

Set DO10_11;吸取物料信号

WaitTime 0.5;

MoveL RelTool(row_get,array_get{count,1},array_get{count,2},−80),v20,
fine,tool0;吸取物料示教点正上方过渡点

MoveAbsJ home11,v200,fine,tool0;设置过渡点 1

MoveAbsJ home21,v200,fine,tool0;设置过渡点 2

MoveL RelTool(row_put,array_put{count,1},array_put{count,2},−100),
v200,fine,tool0;码放物料示教点正上方过渡点

MoveL RelTool(row_put,array_put{count,1},array_put{count,2},array_put
{count,3}),v20,fine,tool0;码放物料示教点

WaitTime 0.5;

Reset DO10_11;复位吸取信号

WaitTime 0.5;

MoveL RelTool(row_put,array_put{count,1},array_put{count,2},−100),
v200,fine,tool0;码放物料示教点正上方过渡点

MoveAbsJ home21,v200,fine,tool0;过渡点 2

　CASE 3,6:

MoveAbsJ home1,v1000,z50,tool0;防止机器人运动状态下发生碰撞的安全点

MoveL RelTool(column_get,array_get{count,1},array_get{count,2},−80),
v200,fine,tool0;吸取物料示教点正上方过渡点

MoveL RelTool(column_get,array_get{count,1},array_get{count,2},array_
get{count,3}),v20,fine,tool0;吸取物料示教点

WaitTime 0.5;

Set DO10_11;吸取物料信号

WaitTime 0.5;

MoveL RelTool(column_get,array_get{count,1},array_get{count,2},−80),
v20,fine,tool0;吸取物料示教点正上方过渡点

MoveAbsJ home11,v200,fine,tool0;设置过渡点 1

MoveAbsJ home21,v200,fine,tool0;设置过渡点 2

MoveL RelTool(column_put,array_put{count,1},array_put{count,2},
−100),v200,fine,tool0;码放物料示教点正上方过渡点

MoveL RelTool(column_put,array_put{count,1},array_put{count,2},array_
put{count,3}),v20,fine,tool0;码放物料示教点

WaitTime 0.5;

Reset DO10_11;复位吸取信号

WaitTime 0.5;

MoveL RelTool(column_put,array_put{count,1},array_put{count,2},
−100),v200,fine,tool0;码放物料示教点正上方过渡点

MoveAbsJ home21,v200,fine,tool0;过渡点 2

```
    ENDTEST
count ：＝count+1;计数码垛数量
    ENDWHILE 完成 6 个码垛搬运，跳出循环
    MoveAbsJ home1,v1000,z50,tool0;返回初始姿态
```

思考题答案

思考题

1. 填空题

① 在程序设计中，为了处理方便，把相同类型的若干变量按有序的形式组织起来，这些按序排列的同类数据元素的集合称为_____。

② 数组 a[2][4]是一个_____行_____列的_____维数组，a[1][3]代表数组的第_____行第_____列。

③ _____时间等待指令，用于程序中等待一个指定的时间，再往下执行程序。

2. 简答题

① 解读程序：MoveL RelTool（p1,0,0,200）,v100,fine,tool1;。　　（　　）

② 列举使用 WaitTime 时间等待指令时的注意事项并解释原因。　　（　　）

项目评价

姓名				学号			
专业		班级		日期			
类别	项目	考核内容		得分	总分	评分标准	教师签名
理论	知识准备（100分）	1. RAPID 程序架构，及数据、指令、函数等认知（10分）				根据掌握情况打分	
		2. 常用的运动指令和数学运算指令认知（10分）					
		3. 手动运行模式下调试程序的方法（10分）					
		4. Offs、RelTool、ProcCall 和 WaitTime 的使用方法（20分）					
		5. 常用的 I/O 控制指令和逻辑判断指令的使用方法（10分）					
		6. 工件坐标系定义方法与坐标偏移方法（20分）					
		7. 常用的程序数据类型、定义和赋值方法（10分）					
		8. 数组的定义及赋值方法（10分）					

续表

类别	项目	考核内容	得分	总分	评分标准	教师签名
技能	技能目标（75分）	1. 掌握建立程序模块及例行程序的方法（10分）			根据掌握情况打分	
		2. 掌握使用运动指令及位置偏移函数，示教编写工业机器人程序的技能（15分）				
		3. 掌握建立工件坐标系并测试准确性的方法（10分）				
		4. 掌握通过修改语句中参数，实现轨迹逼近、轨迹偏移的方法（10分）				
		5. 掌握定义数值数据变量并赋值的方法（10分）				
		6. 掌握使用逻辑判断指令、例行程序调用指令等，实现具备判断选择功能程序的示教编程（10分）				
		7. 综合使用常用指令及数组，实现工业机器人执行工作任务程序的编写，如搬运码垛任务（10分）				
	任务完成质量（15分）	1. 掌握熟练程度（5分）			根据掌握情况打分	
		2. 准确率（5分）				
		3. 工作效率或完成任务速度（5分）				
	职业素养（10分）	1. 遵守操作规程，养成严谨、科学的工作态度； 2. 尊重他人劳动，不窃取他人成果； 3. 规范操作，安全生产； 4. 严格执行5S现场管理			根据操作情况打分	

项目六　工业机器人的高级示教编程与调试

在工业机器人系统中，通常封装了丰富的具备运算功能、运动功能和决策功能的语言指令，便于用户的使用以及工业机器人系统的控制。随着工业机器人系统在工业现场中应用程度的深入，应用需求不再限于单一的轨迹运动，以运动指令为主的示教编程方法将不能满足复杂的功能需求，此时用户可以根据实际需要编写自定义的功能函数，配合程序跳转及中断等功能的高级指令完成程序编写，以满足实际应用需求。

本项目围绕工业机器人的高级示教编程与调试工作任务展开，通过函数功能与输入输出分析、机器人高级指令功能及使用方法和 RAPID 程序自动运行的条件等理论知识，结合高清图片和实例教学，进行编写并调用 Function 函数程序、程序的跳转和标签、程序的中断和停止、程序的自动运行和导入导出等实操内容的讲解，使读者掌握实施工业机器人高级示教编程与调试的技能。

学习任务

- 任务 6.1　编写并调用 Function 函数程序
- 任务 6.2　程序的跳转和标签
- 任务 6.3　程序的中断和停止
- 任务 6.4　程序的自动运行和导入/导出

学习目标

■ 知识目标

- 了解示教编程与调试的高级指令。
- 了解程序的中断和停止。
- 了解程序自动运行的条件。

■ 技能目标

- 掌握 Function 函数程序的编写和调用。
- 掌握程序跳转指令的使用方法。
- 掌握中断程序的编写和使用。

- 掌握自动运行程序的方法。
- 掌握程序的导入和导出。

■ 素养目标
- 培养勇于创新的积极性。
- 培养严谨求实的工作态度。
- 培养协同合作的团队精神。

PPT

函数功能与输入输
出分析

任务 6.1　编写并调用 Function 函数程序

6.1.1　函数功能与输入/输出分析

拓展阅读

工业机器人系统操
作员的岗位综合
素质

在项目五中介绍了如何调用 RAPID 语言封装好的 Offs 和 RelTool 函数，下面来讲用户自行编写 Function 函数的方法。

先来看一个典型函数的结构，如图 6-1 所示，通过观察可以发现，函数包含输入变量、输出返回值和程序语句三个要素。

图 6-1　函数结构

假设现在需要定义一个功能为判断任意输入数据所处的区间范围（0~10，11~20 或 21~30）的函数，以此函数的编写为例讲解其分析思路。

首先，根据函数功能要求明确输入变量：输入的是一个待比较的数，再根据更详细的功能需求可以进一步确定这个数的数据类型，比如 intnum、num；是变量还是可变量，等等。最后设计变量的初始值，可以参照 5.3 的方法进行变量定义。

然后分析实现函数功能的程序语句如何编写。函数功能要求获取输入变量所在的区间，因此要使用不等式作为判断三个区间的条件，可以选用 IF 或 TEST 指令完成判断，并在判断出所在区间之后通过 RETURN 指令（详见 6.1.2）返回一个代表判断结果的值。

最后，明确返回值的要求和数据类型。对返回值的要求是：让外界识别通过判断得出的结果。在此，可以将数据在三个区间的对应返回值分别设置为 1、2、3。

这就是编写一个函数时的分析过程，在实际应用时，根据具体情况判断对函数三个要素的要求，进而完成程序设计。

6.1.2 RETURN 指令的用法

上文提到，RETURN 指令（图 6-2）用于函数中可以返回函数的返回值，此指令也可完成 Procedure 型例行程序的执行，两种用法的具体介绍见下文示例。

图 6-2 RETURN 指令

例 1：

errormessage；

Set do1；

…

PROC errormessage( )

IF di1 = 1 THEN

RETURN；

ENDIF

TPWrite'' Error'' ；

ENDPROC

首先调用 errormessage 程序，如果程序执行到达 RETURN 指令（即 di1 = 1 时），则直接返回 Set do1 指令行往下执行程序。RETURN 指令在这里直接完成了 errormessage 程序的执行。

例 2：

FUNC num abs_value(num value)

IF value<0 THEN

RETURN −value；

ELSE

RETURN value；

ENDIF

ENDFUNC

这里程序是个函数，RETURN 指令使得该函数返回某一数字的绝对值。

6.1.3　任务操作——编写区间判定函数

1. 任务引入

在此任务操作中将编写一个判断任意输入数据所处的区间范围（0~10，11~20 或 21~30）的函数。此函数实现的功能为，当输入数据在 0~10 区间内时，其返回值为 1；输入数据在 11~20 区间内时，其返回值为 2；输入数据在 21~30 区间内时，其返回值为 3。

2. 任务要求

掌握编写 Fuction 函数的方法。

3. 任务实操

序号	操作步骤	示意图
1	首先，在新建 Function 函数程序时，点击图示"…"按钮，设置函数参数	
2	打开"添加"菜单，点击"添加参数"命令	

微课

编写区间判定函数

续表

序号	操作步骤	示意图
3	在"添加函数"界面输入参数"QJ"，数据类型为"num"，参数名称可以自己设定	
4	数据类型选择"num"，作为函数返回值的数据类型。完成参数的定义后，点击"确定"按钮，便建立了一个函数程序	
5	进入刚新建的"panduan"程序，进行函数的编写	

续表

序号	操作步骤	示意图
6	现在编写的"panduan"程序想要实现的功能为：判断任意输入数据所处的区间范围，因此需要用到逻辑判断指令。本操作任务中，采用逻辑判断指令"IF"完成程序的编写	
7	用"IF"指令编写指令，完成输入数据在 0~10 区间内的判断。即当输入数据在区间内时，程序返回值为 1	
8	选中"IF"指令并点击，进行 ELSEIF 的添加	

续表

序号	操作步骤	示意图
9	点击"添加 ELSEIF"按钮，便可以添加条件分支	![示意图] IF〈Expression〉THEN〈SMT〉ENDIF　添加 ELSE　添加 ELSEIF　确定　取消
10	通过添加 IF、ELSEIF 以及 RETURN 指令的运用，完成如图所示程序的编写。此"panduan"程序，实现了输入数据"QJ"在 0～10、11～20、21～30 区间范围内的判断	![示意图] 20 FUNC num panduan(num QJ) 21 IF QJ >= 0 THEN 22 IF QJ <= 10 THEN 23 RETURN 1; 24 ELSEIF QJ <= 20 THEN 25 RETURN 2; 26 ELSEIF QJ <= 30 THEN 27 RETURN 3; 28 ENDIF 29 ENDIF 30 ENDFUNC

6.1.4　任务操作——调用区间判定函数

PPT

调用区间判定函数

1. 任务引入

本操作任务中编写程序，实现在机器人运动到"A10"位置时，调用区间判定函数"panduan"，对输入数据"QJ"进行区间判断后，将其返回值赋值给组信号 go1。

2. 任务要求

掌握调用 Fuction 函数的方法。

3. 任务实操

序号	操作步骤	示意图
1	首先，进入需要调用区间判定函数的程序中，找到需要调用函数的语句位置	
2	在 5.2.5 中介绍过函数的调用需要通过赋值或者作为其他函数的变量来调用。在此任务中，通过赋值的方法完成"panduan"函数的调用	
3	添加赋值指令，将"panduan"函数的返回值，先赋值给与函数返回值类型相同（num 型）的变量"reg1"	

序号	操作步骤	示意图
4	选择"<EXP>"，选择"编辑"菜单中的"ABC…"命令	
5	在编辑界面中，将内容修改为"panduan(QJ)"，点击"确定"按钮	
6	赋值指令语句如图所示，到此完成"panduan"函数的调用。然后，还需要将reg1的值赋值给组信号	

续表

序号	操作步骤	示意图
7	点击"SetGo"命令，进行指令的添加	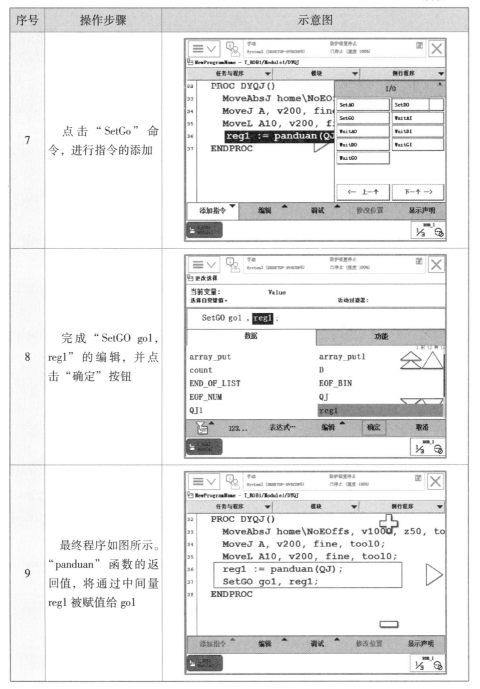
8	完成"SetGO go1, reg1"的编辑，并点击"确定"按钮	
9	最终程序如图所示。"panduan"函数的返回值，将通过中间量 reg1 被赋值给 go1	

 思考题

1. 填空题

① 函数包含_____、_____和程序语句三个要素。

② 编写函数时，可以通过_____指令返回一个代表判断结果的值。

2. 简答题

① 编写一个判断任意输入数据所处的区间范围（0~5，6~10 或 11~15）的函数。此函数实现的功能为，当输入数据在 0~5 区间内时，其返回值为 3；输入数据在 6~10 区间内时，其返回值为 2；输入数据在 11~15 区间内时，其返回值为 1。

② 解读下列程序：

```
errormessage;
Set do1;
…
PROC errormessage( )
IF di1 = 1 THEN
RETURN;
ENDIF
TPWrite "Error";
ENDPROC
```

任务 6.2   程序的跳转和标签

6.2.1   Label 指令和 GOTO 指令的用法

Label 指令（图 6-3）用于标记程序中的指令语句，相当于一个标签，一般作为 GOTO 指令（图 6-4）的变元与其成对使用，从而实现程序从某一位置到标签所在位置的跳转。Label 指令与 GOTO 指令成对使用时，注意两者标签 ID 要相同。

图 6-3   Label 指令

图 6-4　GOTO 指令

如图 6-5 所示，此程序将执行 next 下的指令 4 次，然后停止程序。如果运行此例行程序"biaoqian"，机器人将在 p10 点和 p1 点间来回运动 4 次。

图 6-5　简单运用示例

6.2.2　任务操作——编写跳转程序

1. 任务引入

在此任务操作中编写程序，程序实现对两个变量作比较，如果变量的正负符号相同则执行画圆和画三角；如果符号相反则只画三角。

2. 任务要求

掌握编写跳转函数程序的方法。

3. 任务实操

序号	操作步骤	示意图
1	在新建的例行程序"tiaozhuan"中，选择"IF"条件判断指令	
2	点击"EXP"	
3	点击"更改数据类型…"按钮，选择"num"确定后，新建两个变量"plus"和"minus"	

续表

序号	操作步骤	示意图
4	完成图示表达式的编写，并点击"确定"按钮	
5	点击"GOTO"指令	
6	选中"IF…"整个语句段，点击进入图示界面，点击"添加ELSEIF"按钮	

续表

序号	操作步骤	示意图
7	添加了一个"EL-SEIF"语句，点击"确定"按钮	
8	然后参考本任务操作的步骤1~6，完成如图所示指令的编写	
9	选中"IF..."语句段，点击图示中的"Label"指令完成添加	

续表

序号	操作步骤	示意图
10	点击"<ID>"	
11	将"<ID>"名编写成"A",完成标签 A 的添加	
12	添加"ProcCall"指令,调用圆形轨迹的例行程序	

序号	操作步骤	示意图
13	参考本任务操作的步骤9~12，完成如图所示程序的编写	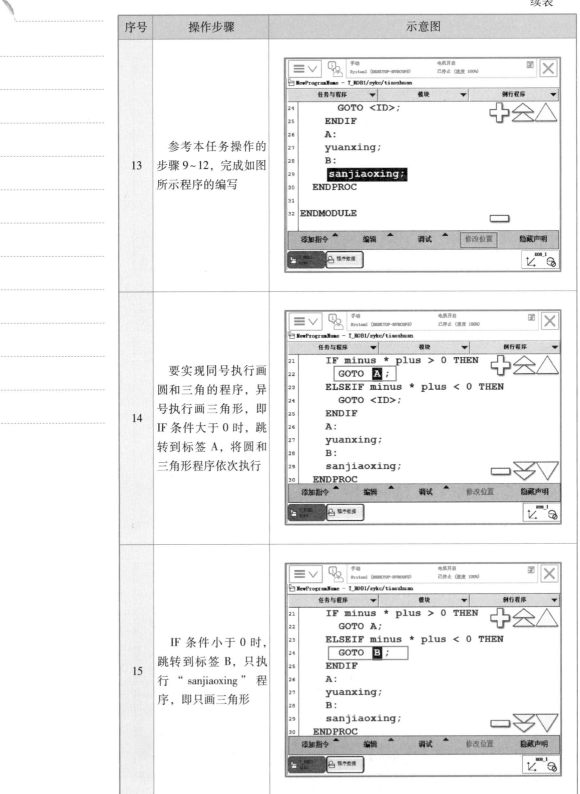
14	要实现同号执行画圆和三角的程序，异号执行画三角形，即IF条件大于0时，跳转到标签A，将圆和三角形程序依次执行	
15	IF条件小于0时，跳转到标签B，只执行"sanjiaoxing"程序，即只画三角形	

续表

序号	操作步骤	示意图
16	标签号设置完成好后，即完成了程序的编写，如图所示	

　思考题

1. 填空题

①_____指令用于标记程序中的指令语句，相当于一个标签，一般作为 GOTO 指令的变元与其成对使用，从而实现程序从某一位置到标签所在位置的_____。

② Label 指令与 GOTO 指令成对使用时，注意两者_____要相同。

2. 简答题

① 解读下列程序。

PROC biaoqian( )

reg1 : = 1;

next:

MoveL p10, v200, z50, tool0;

MoveL RelTool(p1,0,0,0\Rz: = 25), v200,z50,tool0;

reg1 : = reg1 + 1;

IF reg1 <= 5 THEN

GoTo next;

ENDIF

ENDPROC

ENDMODULE

② 解读下列程序:

IF reg1>100 THEN

```
GOTO highvalue
ELSE
GOTO lowvalue
ENDIF
lowvalue：
…
GOTO ready；
highvalue：
…
ready；
```

思考题答案

任务 6.3　程序的中断和停止

PPT
中断例行程序

6.3.1　中断例行程序

在程序执行过程中，当发生需要紧急处理的情况时，需要中断当前执行的程序，跳转程序指针到对应的程序中，对紧急情况进行相应的处理。中断就是指正常程序执行过程暂停，跳过控制，进入中断例行程序的过程。中断过程中用于处理紧急情况的程序，我们称作中断例行程序（TRAP）。中断例行程序经常被用于出错处理、外部信号的响应等实时响应要求高的场合。

完整的中断过程包括：触发中断，处理中断，结束中断。首先，通过获取与中断例行程序关联起来的中断识别号（通过 CONNECT 指令关联，见6.3.2），扫描与识别号关联在一起的中断触发指令（见 6.3.2）来判断是否触发中断。触发中断原因可以是多种多样的，它们有可能是将输入或输出设为1或0，也可能是下令在中断后按给定时间延时，也有可能是到达指定位置。在中断条件为真时，触发中断，程序指针跳转至与对应识别号关联的程序中进行相应的处理。在处理结束后，程序指针返回至被中断的地方，继续往下执行程序。

中断的整个实现过程，首先通过扫描中断识别号，然后扫描到与中断识别号关联起来的触发条件，判断中断触发的条件是否满足。当触发条件满足后，程序指针跳转至通过 CONNECT 指令与识别号关联起来的的中断例行程序中。

6.3.2　常用的中断相关指令

1. CONNECT 指令

CONNECT 指令（图 6-6）是实现中断识别号与中断例行程序连接的指令。实现中断首先需要创建数据类型为 intnum 的变量作为中断的识别号，识别号代表某一种中断类型或事件，然后通过 CONNECT 指令将识别号与处理此识别号中断的中断例行程序关联。

图 6-6　CONNECT 指令

例如：

VAR intnum feeder_error；

TRAP correct_feeder；

…

PROC main( )

CONNECT feeder_error WITH correct_feeder；

将中断识别号"feeder_error"与"correct_feeder"中断程序关联起来。

2. 中断触发指令

由于触发程序中断的事件是多种多样的，它们有可能是将输入或输出设为 1 或 0，也可能是下令在中断后按给定时间延时，还有可能是机器人运动到达指定位置，因此在 RAPID 程序中包含多种中断触发指令（表 6-1），可以满足不同中断触发需求。这里以 ISignalDI 为例说明中断触发指令的用法，其他指令的具体使用方法，可以查阅 RAPID 指令、函数和数据类型技术参考手册。

表 6-1　中断触发指令

指令	说明
ISignalDI	中断数字信号输入信号
ISignalDO	中断数字信号输出信号
ISignalGI	中断一组数字信号输入信号
ISignalGO	中断一组数字信号输出信号
ISignalAI	中断模拟信号输入信号

续表

指令	说明
ISignalAO	中断模拟信号输出信号
ITimer	定时中断
TriggInt	固定位置中断[运动(Motion)拾取列表]
IPers	变更永久数据对象时中断
IError	出现错误时下达中断指令并启用中断
IRMQMessage	RAPID 语言消息队列收到指定数据类型时中断

例如:

VAR intnum feeder_error;

TRAP correct_feeder;

…

PROC main( )

CONNECT feeder_error WITH correct_feeder;

ISignalDI di1,1,feeder_error;

将输入 di1 设置为 1 时,产生中断。此时,调用 correct_feeder 中断程序。

3. 控制中断是否生效的指令

还有一些指令(表6-2)可以用来控制中断是否生效。这里以 Idisable 和 IEnable 为例说明,其他指令的具体使用方法,可以查阅 RAPID 指令、函数和数据类型技术参考手册。

表 6-2　控制中断是否生效的指令

指令	说明
IDelete	取消(删除)中断
ISleep	使个别中断失效
IWatch	使个别中断生效
IDisable	禁用所有中断
IEnable	启用所有中断

例如:

IDisable;

FOR i FROM1TO 100 DO

reg1:=reg1+1;

ENDFOR

IEnable;

只要在从 1 到 100 进行计数的时候,则不允许任何中断。完毕后,启用所有中断。

6.3.3　程序停止指令

为处理突发事件，中断例行程序的功能有时会设置为让机器人程序停止运行。下面对程序停止指令及简单用法进行介绍。

1. EXIT

用于终止程序执行，随后仅可从主程序第一个指令重启程序。当出现致命错误或永久地停止程序执行时，应当使用 EXIT 指令。Stop 指令用于临时停止程序执行。在执行指令 EXIT 后，程序指针消失。为继续程序执行，必须设置程序指针。

例如：MoveL p1,v1000,z30,tool1;

EXIT;

程序执行停止，且无法从程序中的该位置继续往下执行，需要重新设置程序指针。

2. Break

出于 RAPID 程序代码调试目的，将 Break 用于立即中断程序执行。机械臂立即停止运动。为排除故障，临时终止程序执行过程。

例如：MoveL p1,v1000,z30,tool2;

Break;

MoveL p2,v1000,z30,tool2;

机器人在往 p1 点运动过程中，Break 指令就绪时，机器人立即停止动作。如想继续往下执行机器人运动至 p2 点的指令，不需要再次设置程序指针。

3. Stop

用于停止程序执行。在 Stop 指令就绪之前，将完成当前执行的所有移动。

例如：MoveL p1,v1000,z30,tool2;

Stop;

MoveL p2,v1000,z30,tool2;

机器人在往 p1 点运动的过程中，Stop 指令就绪时，机器人仍将继续完成到 p1 点的动作。如想继续往下执行机器人运动至 p2 点的指令，不需要再次设置程序指针。

6.3.4　任务操作——编写并使用 TRAP 中断例行程序

1. 任务引入

在此任务操作中编写一个中断程序，实现在机器人输入组信号 gi1 = 13 的时候，立即停止动作。

2. 任务要求

掌握编写 TRAP 中断例行程序的方法。

拓展阅读

电气技术中的严谨求实精神

3. 任务实操

序号	操作步骤	示意图
1	新建一个 TRAP 例行程序	
2	点击"显示例行程序"按钮，进入所建的中断例行程序中	
3	在中断例行程序中添加如图所示指令。在 gi1 = 13 的时候，机器人停止动作	

微课
编写并使用 TRAP
中断例行程序

续表

序号	操作步骤	示意图
4	如果想在程序执行到某一语句之后开始启动某个中断识别号对应的中断机制，那么需要在这个语句之后扫描一次中断程序。例如想要实现机器人在运动到点 p20 之后，只要接收到组信号 gi1 = 13，就启动某个中断，那么需要在图示指令下方，添加中断相关指令，来启用中断	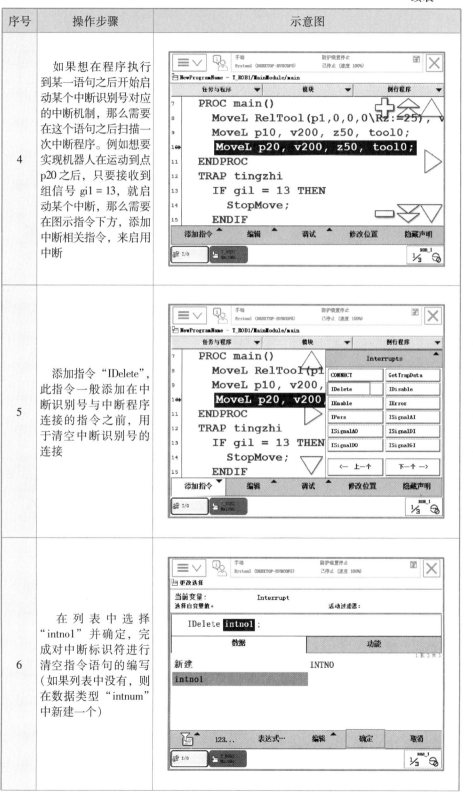
5	添加指令"IDelete"，此指令一般添加在中断识别号与中断程序连接的指令之前，用于清空中断识别号的连接	
6	在列表中选择"intno1"并确定，完成对中断标识符进行清空指令语句的编写（如果列表中没有，则在数据类型"intnum"中新建一个）	

续表

序号	操作步骤	示意图
7	在"Interrupts"下点击图示中的"CONNECT"完成 CONNECT 指令的添加	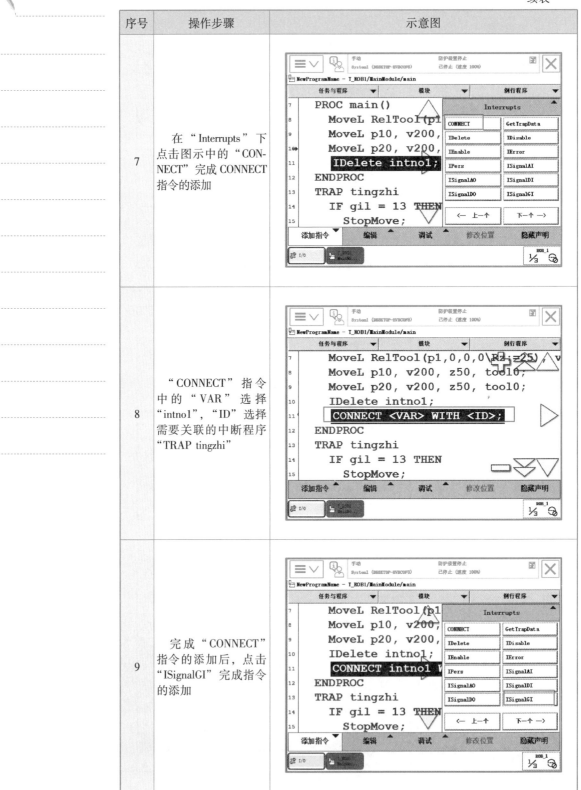
8	"CONNECT"指令中的"VAR"选择"intno1","ID"选择需要关联的中断程序"TRAP tingzhi"	
9	完成"CONNECT"指令的添加后,点击"ISignalGI"完成指令的添加	

续表

序号	操作步骤	示意图
10	选择"gi1"，并确定	
11	选中"ISignalGI"指令点击，进入编辑界面。（ISignalGI 中的single 参数启用，gi1 只会触发一次中断；若要重复触发中断，则将其关闭）	
12	点击"可选变量"按钮	

续表

序号	操作步骤	示意图
13	进入变量界面	
14	在变量界面选择"\\ Single",再点击"不使用"按钮	
15	关闭返回到图示界面,点击"确定"按钮	

续表

序号	操作步骤	示意图
16	完成设定后，此中断程序将在"main"例行程序执行中生效。即执行程序过程中，触发中断机制后，当监控到 gil = 13 的触发条件满足时，启用中断程序，机器人将停止动作	

思考题答案

思考题

1. 填空题

① 中断过程中用于处理紧急情况的程序称为_____。

② 完整的中断过程包括：_____，_____，_____。

③ 中断的完整实现过程，首先通过扫描_____，然后扫描到与它关联起来的触发条件，判断中断触发的条件是否满足。当触发条件满足后，程序指针跳转至通过_____指令与识别号关联起来的中断例行程序中

2. 判断题

① 实现中断首先需要创建数据类型为 bool 的变量作为中断的识别号，识别号代表某一种中断类型或事件。　　　　　　　　　　（　　）

② 为处理突发事件，中断例行程序的功能有时会设置为让机器人程序停止运行，其中 Stop 指令用于临时停止程序执行。　　　　（　　）

③ 触发程序中断的事件是多种多样的，当中断触发事件是数字信号输入信号时使用 ISignalGI 指令。　　　　　　　　　　　　（　　）

任务 6.4　程序的自动运行和导入/导出

PPT

程序的手动调试和自动运行

6.4.1　RAPID 程序自动运行的条件

机器人系统的 RAPID 程序编写完成，对程序进行调式满足生产加工要求后，可以选择将运行模式从手动模式切换到自动运行模式下自动运行程序。

自动运行程序前，确认程序正确性的同时，还要确认工作环境的安全性。当两者达到标准要求后，方可自动运行程序。

RAPID 程序自动运行的优势：调试好的程序自动运行，可以有效地解放劳动力，因为手动模式下使能器是需要一直处于第一挡，程序才可以运行；另一方面，自动运行程序，还可以有效地避免安全事故的发生，这主要是因为，自动运行下工业机器人处于安全防护栏中，操作人员均位于安全保护范围内。

6.4.2　任务操作——自动运行搬运码垛程序

1. 任务引入

参照 5.6.4 完成数组码垛程序的编写，单步运行进行调试确保机器人姿态移动的准确性，检查机器人周围环境，保证机器人运行范围内安全无障碍。

2. 任务要求

掌握实现搬运码垛程序的自动运行的方法。

3. 任务实操

序号	操作步骤	示意图
1	按照图示，选用"ProCall"指令在"main"程序中调用"maduo"程序	
2	采用前文 3.1.3 中介绍过的手动运行模式与自动运行模式的切换，将运行模式切换到自动模式	

续表

序号	操作步骤	示意图
3	在示教器图示界面先点击左侧"确认"按钮，再点击右侧"确定"按钮	
4	按下电机上电按钮	
5	按下程序调试控制按钮"连续"，码垛程序将自动连续运行	

拓展阅读

工业机器人系统操作员技能标准中的要求 7

微课

导出 RAPID 程序
模块至 USB 存储
设备

6.4.3 任务操作——导出 RAPID 程序模块至 USB 存储设备

1. 任务引入

程序在完成调试并且在自动运行确认符合实际要求后，便可对程序模块进行保存，程序模块根据实际需要可以保存在机器人的硬盘或 U 盘上。

2. 任务要求

掌握如何导出 RAPID 程序模块至 USB 存储设备。

3. 任务实操

序号	操作步骤	示意图
1	将 USB 存储设备与示教器连接上，按照图示打开"程序编辑器"选项	
2	在图示界面的上方，找到"模块"菜单并点击	

续表

序号	操作步骤	示意图
3	在程序模块列表中，选择所需保存的程序模块，点击左下角"文件"菜单，选择"另存模块为…"命令	
4	进入程序模块导出界面，点击图示框内的图标，可以对程序模块存放路径和名称进行选择和修改	
5	选择想要将程序模块存放的盘	

续表

序号	操作步骤	示意图
6	选定存放的文件夹，然后点击"确定"按钮。到此即完成了RAPID 程序模块导出至 USB 存储设备的操作	

6.4.4　任务操作——从 USB 存储设备导入 RAPID 程序模块

1. 任务引入

工业机器人编程除了在示教器上进行点位示教编程之外，还可以在虚拟仿真软件上使用 RAPID 语言进行编程。用仿真软件编好的程序，进行虚拟仿真测试后，便可导入机器人示教器中进行简单调试后使用。

2. 任务要求

掌握从 USB 存储设备导入 RAPID 程序模块的方法。

3. 任务实操

序号	操作步骤	示意图
1	将 USB 存储设备与示教器连接上，参考6.4.3，按照图示选择"加载模块…"命令	

续表

序号	操作步骤	示意图
2	在弹出的提示框中选择"是"按钮	
3	通过点击图示框内的选项，找到需要导入的程序模块所在的盘	
4	点击需要导入的程序模块所在的盘，找到程序模块所在文件夹并点击	

续表

序号	操作步骤	示意图
5	选择需导入的程序模块,并点击"确定"按钮。到此即完成了从 USB 存储设备导入 RAPID 程序模块的操作	

思考题答案

思考题

1. 填空题

① 自动模式下,按压程序调试控制按钮_____,即可实现程序的自动连续运行。

② 工业机器人编程除了在示教器上进行点位示教编程之外,还可以在_____上使用 RAPID 语言进行编程。

2. 判断题

① 程序在完成调试并且在自动运行确认符合实际要求后,便可对程序模块进行保存,程序模块根据实际需要可以保存在机器人的硬盘或 U 盘上。
（   ）

② 调试好的程序自动运行,可以有效地解放劳动力,因为手动模式下使能是需要一直处于用力按下状态,程序才可以运行。
（   ）

项目评价

姓名				学号	
专业		班级		日期	
类别	项目	考核内容	得分	总分	评分标准	教师签名
理论	知识准备（100分）	1. RAPID 语言高级指令的功能及使用方法（40分）			根据掌握情况打分	

续表

类别	项目	考核内容	得分	总分	评分标准	教师签名
理论	知识准备（100分）	2. RAPID 语言中，中断程序的架构，中断指令和停止指令使用方法（40分）			根据掌握情况打分	
		3. ABB 工业机器人，程序自动运行的条件。（20分）				
技能	技能目标（75分）	1. 掌握 function 函数程序的编写和调用方法，编写、调用区间判定函数（20分）			根据掌握情况打分	
		2. 掌握程序跳转指令的使用方法，编写跳转程序（10分）				
		3. 掌握中断程序的编写和使用方法，编制并使用指定功能中断例行程序（15分）				
		4. 掌握在工业机器人系统中，自动运行程序的方法（15分）				
		5. 掌握工业机器人系统中，程序的导入和导出方法。（15分）				
	任务完成质量（15分）	1. 掌握熟练程度（5分）			根据掌握情况打分	
		2. 准确率（5分）				
		3. 工作效率或完成任务速度（5分）				
	职业素养（10分）	1. 遵守操作规程，养成严谨、科学的工作态度； 2. 尊重他人劳动，不窃取他人成果； 3. 规范操作，安全生产； 4. 严格执行 5S 现场管理			根据操作情况打分	

项目七　工业机器人的日常维护

　　在自动化生产现场中，工业机器人能够胜任很多工序的工作，由于不同工业生产环境的差异，为了保障工业机器人的高效使用、有效延长使用寿命，需要定期对其进行日常维护，必要时需对故障进行实时处理。工业机器人的日常维护以及故障修理，通常需要具备综合性技术的专业人员来完成。机器人作为技术集成度高、应用环境复杂、操作维护较为专业的高端装备，有着多层次的人才需求。

　　本项目围绕工业机器人的日常维护工作任务展开，通过转数计数器更新、工业机器人本体电池的作用和使用寿命、备份工业机器人系统的作用和微校的目的及需要微校的条件等理论知识，结合高清图片和实例教学，进行转数计数器的更新、更换工业机器人本体电池、工业机器人系统的备份与恢复、工业机器人的微校等实操技能的讲解，使读者掌握实施工业机器人系统日常维护的技能。

学习任务

- 任务 7.1　转数计数器的更新
- 任务 7.2　更换工业机器人本体电池
- 任务 7.3　工业机器人系统的备份与恢复
- 任务 7.4　工业机器人的微校

学习目标

■ 知识目标
- 了解转数计数器更新的目的及需要更新的条件。
- 机器人本体电池的作用和使用寿命。
- 了解备份工业机器人的作用。

■ 技能目标
- 掌握工业机器人六轴回机械零点的操作方法。
- 掌握转数计数器的更新方法。
- 掌握机器人本体电池的更换方法。

- 掌握工业机器人的备份和恢复的操作方法。
- 掌握工业机器人的微校方法。

■ 素养目标

- 培养协同合作的团队精神。
- 培养严谨求实的工作态度。
- 领悟吃苦耐劳、精益求精的工匠精神。

任务 7.1 转数计数器的更新

7.1.1 转数计数器更新的目的及需要更新的条件

工业机器人在出厂时，对各关节轴的机械零点进行了设定，对应着机器人本体上六个关节轴同步标记，该零点作为各关节轴运动的基准。机器人的零点信息是指，机器人各轴处于机械零点时各轴电机编码器对应的读数（包括转数数据和单圈转角数据）。零点信息数据存储在本体串行测量板上，数据需供电才能保持保存，掉电后数据会丢失。

机器人出厂时的机械零点与零点信息的对应关系是准确的，但由于误删零点信息、转数计数器掉电、拆机维修或断电情况下机器人关节轴被撞击移位，可能会造成零点信息的丢失和错误，进而导致零点失效，丢失运动基准。

将机器人关节轴运动至机械零点（把各关节轴上的同步标记对齐），然后在示教器进行转数数据校准更新的操作即为转数计数器的更新。在机器人零点丢失后，更新转数计数器可以将当前关节轴所处位置对应的编码器转数数据（单圈转角数据保持不变）设置为机械零点的转数数据，从而对机器人的零点进行粗略的校准。

在遇到下列情况时，需要进行转数计数器更新操作：
① 当系统报警提示"10036 转数计数器更新"时。
② 当转数计数器发生故障，修复后。
③ 在转数计数器与测量板之间断开过之后。
④ 在断电状态下，机器人关节轴发生移动。
⑤ 在更换伺服电机转数计数器电池之后。

7.1.2 任务操作——工业机器人 6 个轴回机械零点

1. 任务引入

通常情况下，机器人 6 个轴进行回机械零点操作时，各关节轴的调整顺序依次为轴 4—5—6—3—2—1（从机器人安装方式考虑，通常情况下机器人与地面配合安装，造成 4~6 轴位置较高），不同型号的机器人机械零点位置会有所不同，具体信息可以查阅机器人出厂说明书。

2. 任务要求

掌握工业机器人 6 个轴回机械零点的操作方法。

3. 任务实操

序号	操作步骤	示意图
1	将机器人运动到安全合适的位姿，手动操纵下，选择对应的轴动作模式"轴4-6"	
2	首先将4轴转到其机械零点刻度位置，如图所示（中线尽量与槽口中点对齐）	
3	调整机器人，将5轴转到其机械零点刻度位置，如图所示（中线尽量与槽口中点对齐）	

续表

序号	操作步骤	示意图
4	调整机器人，将 6 轴转到其机械零点刻度位置，如图所示（刻度线为亮黑色，需仔细查找）	
5	手动操纵下，选择对应的轴动作模式"轴 1–3"	
6	调整机器人，将 3 轴转到其机械零点刻度位置，如图所示（尽量使得中点对齐）	

续表

序号	操作步骤	示意图
7	调整机器人，将 2 轴转到其机械零点刻度位置，尽量使得中点对齐	
8	调整机器人，将 1 轴转到其机械零点刻度位置，尽量使得中点对齐	

7.1.3　任务操作——更新转数计数器

1. 任务要求
掌握工业机器人转数计数器的更新方法。

2. 任务实操

序号	操作步骤	示意图
1	参照 7.1.2 的步骤将机器人各关节轴调整至机械零点后，点击"主菜单"按钮	

续表

序号	操作步骤	示意图
2	在主菜单界面选择"校准"选项并点击	
3	选择需要校准的机械单元，点击"ROB_1"选项	
4	选择"校准参数"选项卡	

拓展阅读

工业机器人系统
操作员技能标准
中的要求 8

续表

序号	操作步骤	示意图
5	选择"编辑电机校准偏移…"选项	
6	在弹出的对话框中点击"是"按钮	
7	在弹出的编辑电机校准偏移界面，对 6 个轴的偏移参数进行修改	

续表

序号	操作步骤	示意图
8	参照机器人本体上电机校准偏移值数据，对校准偏移值进行修改	
9	在电机校准偏移界面，点击对应轴的偏移值，输入机器人本体上的电动机校准偏移值数据，然后点击"确定"按钮	
10	输入所有机器人本体上的电动机校准偏移值数据后，点击"确定"按钮，将重新启动示教器；如果示教器中显示的电机校准偏移值与机器人本体上的标签数值一致，则不需要进行修改，直接点击"取消"按钮，跳到步骤12	

续表

序号	操作步骤	示意图
11	在弹出的提示框中点击"是"按钮，完成控制器重启	
12	重启机器人控制器后，参照步骤 1~3，进入校准机械单元界面；选择"转数计数器"选项卡，点击"更新转数计数器"选项	
13	在弹出的提示框中点击"是"按钮	

续表

序号	操作步骤	示意图
14	校准完成后，点击图示右下角的"确定"按钮	
15	在弹出的要更新的轴界面，点击"全选"按钮后再点击右下角的"更新"按钮	
16	在弹出的提示框中点击"更新"按钮	

续表

序号	操作步骤	示意图
17	等待机器人系统完成更新工作	手动 System3 (DESKTOP-HVBCOF8) 防护装置停止 已停止 (速度 100%) 校准 – ROB_1 – 转数计数器 更新转数计数器 机械单元:　　　ROB_1 要更新转数计数器，选择轴并点击更新。 轴　　　　　　　进度窗口　　　1 到 6 共 6 ☑ rob1_1 ☑ rob1_2　　　　正在更新转数计数器。 ☑ rob1_3　　　　请等待！ ☑ rob1_4 ☑ rob1_5　　　　转数计数器已更新 ☑ rob1_6　　　　转数计数器已更新 全选　　全部清除　　　　更新　　　关闭
18	当界面上显示如图所示"转数计数器更新已成功完成"时，点击"确定"按钮，完成转数计数器的更新	手动 System3 (DESKTOP-HVBCOF8) 防护装置停止 已停止 (速度 100%) 校准 – ROB_1 – 转数计数器 更新转数　更新转数计数器 机械单元　转数计数器更新已成功完成。 要更新转数 轴　　　　　　　　　　　　1 到 6 共 6 ☐ rob1_1 ☐ rob1_2 ☐ rob1_3 ☐ rob1_4 ☐ rob1_5　　　　确定 ☐ rob1_6 全选　　全部清除　　　　更新　　　关闭

思考题答案

🦾 思考题

1. 填空题

① 工业机器人在出厂时，对各关节轴的机械零点进行了设定，对应着机器人本体上 6 个关节轴_____，该零点作为各关节轴运动的基准。

② 机器人的零点信息是指，机器人各轴处于机械零点时，各轴_____对应的读数。

③ 零点信息数据存储在本体_____上，数据需供电才能保持保存，掉电后数据会丢失。

2. 判断题

① 在机器人零点丢失后，更新转数计数器可以将当前关节轴所处位置对应的编码器转数数据（单圈转角数据保持不变），设置为机械零点的转数数据，从而对机器人的零点进行粗略的校准。　　　　　　　　　（　　）

② 当工业机器人系统关闭后重新启动时，需要进行转数计数器更新操作。
　　　　　　　　　　　　　　　　　　　　　　　　　　（　　）

任务 7.2　更换工业机器人本体电池

7.2.1　工业机器人本体电池的作用和使用寿命

本书所述型号的机器人，其零点信息数据存储在本体串行测量板上，而串行测量板在机器人系统接通外部主电源时，由主电源进行供电；当系统与主电源断开连接后，则需要串行测量板电池（本体电池）为其供电。

如果串行测量板断电，就会导致零点信息丢失，机器人各关节轴无法按照正确的基准进行运动。为了保持机器人机械零点位置数据的存储，需持续保持串行测量板的供电。当串行测量板的电池电量不足时，示教器界面会出现提示，此时需要更换新电池。否则电池电量耗尽，每次主电源断电后再次上电，都需要进行转数计数器更新的操作。

本书所述机器人品牌的串行测量板装置和电池有两种型号：一种具有 2 电极电池触点，另一种具有 3 电极电池触点。对于具有 2 电极触点的串行测量板，如果机器人电源每周关闭 2d，则新电池的使用寿命通常为 36 个月；而如果机器人电源每天关闭 16 h，则其使用寿命为 18 个月。3 电极触点的型号具有更长的电池使用寿命。生产中断时间较长的情况下，可通过电池关闭服务例行程序延长使用寿命。

7.2.2　任务操作——工业机器人本体电池的更换

1. 任务要求

掌握更换机器人本体电池的方法。

2. 任务实操

⚠ 提示：更换电池前应关闭机器人所有电力、液压和气压供给！该装置易受静电影响，请做好静电排除措施！

序号	操作步骤	示意图
1	参照 7.1.2 的步骤将机器人各关节轴调整至机械零点后，关闭机器人系统，断开主电源（拔掉外部电源）	 拔开断电

续表

序号	操作步骤	示意图
2	断开主电源后，用内六角扳手拧下连接螺钉，打开接线盒外盖	
3	找到需要更换的电池组，松开紧固装置；本实操示例机器人电池组的固定解开操作为使用斜口钳解开电池组的扎带	
4	断开电池组与串行测量板装置的连接，此实操所述机器人操作方法为拔掉串行测量板上的接线柱，见图中圈内所示位置	

微课

更换机器人本体电池

拓展阅读

"突围成功"的国产
谐波减速器

续表

序号	操作步骤	示意图
5	更换新电池，将新电池组与串行测量板装置连接；此实操中即将接线柱插回串行测量板上	
6	将新换的电池组，重新固定回紧固装置中；此实操中即使用扎带再次将电池组固定	
7	更换好的电池组固定完成后，将接线盒外盖安装回原位，即使用内六角扳手将接线盒外盖安装回原处，完成机器人本体电池的更换	

⚠ 提示：不同型号的机器人，更换电池的操作会有区别，具体操作流程可以查阅型号相关产品手册说明书。更换电池后，需要对机器人进行转数计数器更新！

思考题答案

思考题

1. 填空题

① 串行测量板在机器人系统接通外部主电源时，由主电源进行供电；当

系统与主电源断开连接后，则需要_____为其供电。

② 当串行测量板的电池电量不足时，_____会出现提示，此时需要更换新电池。

③ 对于具有 2 电极触点的串行测量板，如果机器人电源每周关闭 2 天，则新电池的使用寿命通常为_____个月。

2. 判断题

① 2 电极触点的型号具有更长的电池使用寿命。   （   ）

② 如果串行测量板断电，就会导致零点信息丢失，机器人各关节轴无法按照正确的基准进行运动。   （   ）

PPT
系统的备份与恢复

任务 7.3　工业机器人系统的备份与恢复

7.3.1　备份工业机器人系统的作用

在对机器人进行操作前备份机器人系统，可以有效地避免操作人员对机器人系统文件误删所引起的故障。除此之外，在机器人系统遇到无法重启或者重新安装新系统时，可以通过恢复机器人系统的备份文件解决。机器人系统备份文件中，是所有储存在运行内存中的 RAPID 程序和系统参数。

⚠ 提示：系统备份文件具有唯一性，只能恢复到原来的进行备份操作的机器人中去，否则会引起故障。

7.3.2　任务操作——工业机器人系统的备份

1. 任务要求

掌握备份机器人系统的方法。

2. 任务实操

序号	操作步骤	示意图
1	将 USB 存储设备与示教器连接上，按照图示进入主菜单，在示教器操作界面中选择"备份与恢复"选项并点击	

续表

序号	操作步骤	示意图
2	点击"备份当前系统…"选项	
3	进入到备份界面中，点击"ABC…"按钮可设置系统备份文件的名称，点击"…"按钮可以选择存放备份文件的位置（机器人硬盘或 USB 存储设备）	
4	点击"ABC…"按钮，设置备份文件名称，点击"确定"按钮完成文件名的设置	

拓展阅读

工业机器人系统操作员技能标准中的要求 9

续表

序号	操作步骤	示意图
5	点击"…"按钮，然后通过点击相应的按钮（如图所示），选择存放备份文件的位置（机器人硬盘或USB存储设备），点击"确定"按钮	
6	点击"备份"按钮，即可对机器人系统进行备份	
7	出现"创建备份。请等待!"界面，等待文件备份的完成，界面消失后，即完成了对机器人系统的备份	

7.3.3　任务操作——工业机器人系统的恢复

1. 任务要求

掌握如何恢复机器人系统。

2. 任务实操

微课

工业机器人系统的
恢复

序号	操作步骤	图片说明
1	将 USB 存储设备与示教器连接上，参照 6.3.2，按照图示进入"备份与恢复"界面，点击"恢复系统…"选项	
2	点击"…"按钮选择已备份的系统文件夹（参考 6.3.2 存放路径，进行文件选择操作），并点击"恢复"按钮	
3	在弹出的界面中点击"是"按钮，系统将恢复到备份时的状态	

续表

序号	操作步骤	图片说明
4	如图所示，出现"正在恢复系统。请等待!"界面，恢复系统会重新启动示教器，重启后完成机器人系统的恢复	

思考题答案

思考题

1. 填空题

① 机器人系统备份文件中，是所有储存在运行内存中的 RAPID 程序和_____。

② 在机器人系统遇到无法重启或者重新安装新系统时，可以通过恢复机器人系统的_____解决。

2. 判断题

① 机器人的系统备份文件可以恢复到任一同型号的机器人中。   (   )

② 进行工业机器人系统备份时，可设置系统备份文件的名称，选择存放备份文件的位置。   (   )

任务 7.4   工业机器人的微校

7.4.1   微校的目的及需要微校的条件

转数计数器的更新，只能对机器人的各关节轴进行粗略的校准。想要对机器人的各关节轴进行更为精确的校准，可以通过微校来实现。

微校是通过释放机器人电机抱闸，手动将机器人轴旋转到校准位置，重新定义零点位置实现校准的方法。微校时，可以仅对机器人的某一轴进行校准。在微校过程中，还需要用到示教器上的生成机器人新零位的校准程序。

机器人在发生以下任一情况时，必须进行校准：

① 编码器值发生更改，当更换机器人上影响校准位置的部件时，如电机或传输部件，编码器值会更改。

② 编码器内存记忆丢失（原因：电池放电、出现转数计数器错误、转数计数器和测量电路板间信号中断、控制系统断开时移动机器人轴）。

③ 重新组装机器人，例如在碰撞后或更改机器人的工作范围时，需要重新校准新的编码器值。

工业机器人的微校方法为：将需要进行微校的轴的校准针脚上的阻尼器卸下来，然后按住制动闸释放按钮，手动将机器人各关节轴按特定角度（表7-1）转动，直至其上的校准针脚（图7-1至图7-3）相互接触（校准位置对准）后，释放制动闸释放按钮，此时完成了机械位置的校正。然后在示教器上选择微校，进行对应关节轴的微校操作。一般地，机器人的5轴和6轴是需要通过校准工具，一起进行微校的。其他几个关节轴，无须使用工具便可以单独进行轴的微校。在7.4.2中，将以工业机器人5轴和6轴的微校为例，具体介绍微校的操作方法和步骤。

📱 PPT

工业机器人五轴和六轴的微校

表 7-1　关节轴微校旋转角度

关节轴	旋 转 角 度
1轴	−170.2°
2轴	−115.1°
3轴	75.8°
4轴	−174.7°
5轴	−90°
6轴	90°

⚠ 提示：不同型号的工业机器人的校准针脚位置，会有所不同；不同厂家的工业机器人校准方法也会有所差异，具体的可以查阅所需校准的工业机器人的产品手册。

图 7-1　1轴和2轴的校准针脚

图 7-2   3 轴和 4 轴的校准针脚   图 7-3   5 轴和 6 轴的校准针脚

7.4.2   任务操作——工业机器人 5 轴和 6 轴的微校

1. 任务要求

使用校准工具，完成工业机器人 5 轴和 6 轴的微校。

2. 任务实操

序号	操作步骤	示意图
1	此次 5 轴和 6 轴微校所需要用到的工具	内六角扳手 校准工具 导销 连接螺钉
2	使用内六角扳手，将校准工具通过导销和连接螺钉，安装到机器人 6 轴上，如图所示	

续表

序号	操作步骤	示意图
3	按照图示方法，一人托住机器人	
4	另一人按住制动闸释放按钮	
5	手动旋转 5 轴和 6 轴，直至手腕上的校准针脚（机器人各校准针脚位置，可查阅机器人产品手册）与校准工具相互接触	

续表

序号	操作步骤	示意图
6	机器人5轴和6轴旋转到校准位置后，松开制动闸释放按钮，点击图示中的"校准"选项	
7	在界面中选择对应的机械单元（ROB_1），点击"手动方法（高级）"按钮，进入手动方法界面	
8	选择"校准参数"选项卡，然后选择"微校…"选项	

微课

工业机器人五轴和
六轴的微校

续表

序号	操作步骤	示意图
9	在弹出的提示框中，点击"是"按钮	使用外部设备将机器人定位在微校位置上，有关详情请参阅手册。 更改校准参数可能会改变预设位置。确定要继续？ 是　　否
10	勾选上需要进行微校的 5 轴和 6 轴，并点击"校准"按钮	校准 - ROB_1 - ROB_1 - 校准 参数 微校 机械单元：　ROB_1 要执行校准，请选择相应的轴并点击"校准"。 轴　状态 rob1_1　校准 rob1_2　校准 rob1_3　校准 rob1_4　校准 ✔rob1_5　校准 ✔rob1_6　校准 全选　全部清除　校准　关闭
11	弹出图示提示框，点击"校准"按钮	微校 所选轴的校准将会更改，此操作不可撤消。 点击"校准"可继续，点击"取消"使参数保留不变。 校准　　取消

序号	操作步骤	示意图
12	点击图示提示框中的"确定"按钮	已成功完成精校准。
13	手动模式下运行如下程序：MoveAbsJ jpos20\\NoEOffs，v1000，fine，tool0；5轴和6轴上的同步标记现在应匹配（其中 jpos20 的位置值为[0,0,0,0,0,0]，[9E9，9E9，9E9，9E9，9E9,9E9]）	PROC Routine5() MoveAbsJ jpos20\NoEOffs, v1000, fine, tool0; ENDPROC ENDMODULE
14	然后在手动方法界面选择"更新转数计数器…"选项	更新转数计数器… 转数计数器 校准 参数 机械手存储器 基座

续表

序号	操作步骤	示意图
15	点击提示框中的"是"按钮	
16	点击"确定"按钮，确定机械单元为"ROB_1"	
17	勾选上刚进行了微校的 5 轴和 6 轴，并点击"更新"按钮	

续表

序号	操作步骤	示意图
18	在弹出的提示框中点击"更新"按钮	
19	点击"确定"按钮，完成更新转数计数器的操作	
20	校准任何机器人的轴后请务必验证结果，以验证所有校准位置是否正确。在更新转数计数器后，进入"校准参数"选项卡，点击"编辑电机校准偏移…"选项	

续表

序号	操作步骤	示意图
21	将校准后的 5 轴和 6 轴的值，写在新标签上，然后将其贴在机器人本体的校准标签上	
22	最后使用内六角扳手，将校准工具从 6 轴法兰盘上拆下，完成 5 轴和 6 轴的微校	

思考题答案

 思考题

1. 填空题

① 转数计数器的更新，只能对机器人的各关节轴进行粗略的校准。想要对机器人的各关节轴进行更为精确的校准，可以通过_____来实现。

② 进行工业机器人的微校时：将需要进行微校的轴的校准针脚上的_____卸下来，然后按住_____按钮，手动将机器人各关节轴按特定方向转动，直至其上的_____相互接触，然后松开制动闸释放按钮，此时完成了机械位置的校正。

2. 判断题

① 微校时，必须对机器人的所有关节轴进行同时校准。　　　　（　　）

② 在碰撞后或更改机器人的工作范围时，需要重新校准新的编码器值。
　　　　　　　　　　　　　　　　　　　　　　　　　　　　　　（　　）

③ 一般地，机器人的 5 轴和 6 轴需要通过校准工具进行微校。对其他几个关节轴，不用使用工具便可以单独进行微校。　　　　　　　　（　　）

项目评价

姓名				学号		
专业		班级		日期		
类别	项目	考核内容	得分	总分	评分标准	教师签名
理论	知识准备（100分）	1. 转数计数器更新的目的及需要更新的条件（30分）			根据掌握情况打分	
		2. 工业机器人本体电池的作用和使用寿命（20分）				
		3. 备份工业机器人系统的作用（30分）				
		4. 实施工业机器人微校的目的，以及需要微校的条件（20分）				
技能	技能目标（75分）	1. 掌握操控工业机器人的6个关节轴回机械零点的方法（15分）			根据掌握情况打分	
		2. 掌握更新转数计数器的方法（15分）				
		3. 掌握更换机器人本体电池的方法（15分）				
		4. 掌握备份和恢复工业机器人系统的操作方法（20分）				
		5. 掌握工业机器人的微校方法（10分）				
	任务完成质量（15分）	1. 掌握熟练程度（5分）			根据掌握情况打分	
		2. 准确率（5分）				
		3. 工作效率或完成任务速度（5分）				
	职业素养（10分）	1. 遵守操作规程，养成严谨、科学的工作态度； 2. 尊重他人劳动，不窃取他人成果； 3. 规范操作，安全生产； 4. 严格执行5S现场管理			根据操作情况打分	

1. 程序执行的控制

（1）程序的调用

指令	说明
ProcCall	调用例行程序
CallByVar	通过带变量的例行程序名称调用例行程序
RETURN	返回原例行程序

（2）例行程序内的逻辑控制

Compact IF	如果条件满足，就执行一条指令
IF	当满足不同的条件时，执行对应的程序
FOR	根据指定的次数，重复执行对应的程序
WHILE	如果条件满足，重复执行对应的程序
TEST	对一个变量进行判断，从而执行不同的程序
GOTO	跳转到例行程序内标签的位置
Label	跳转标签

（3）停止程序执行

Stop	停止程序执行
EXIT	停止程序执行并禁止在停止处再开始
Break	临时停止程序的执行，用于手动调试
ExitCycle	中止当前程序的运行并将程序指针 PP 复位到主程序的第一条指令，如果选择了程序连续运行模式，程序将从主程序的第一句重新执行

2. 变量指令

变量指令主要用于对数据进行赋值、等待、注释指令、程序模块控制指令等。

（1）赋值指令

: =	对程序数据进行赋值

（2）等待指令

WaitTime	等待一个指定的时间程序再往下执行
WaitUntil	等待一个条件满足后程序继续往下执行
WaitDI	等待一个输入信号状态为设定值
WaitDO	等待一个输出信号状态为设定值

（3）程序注释

comment	对程序进行注释

（4）程序模块加载

Load	从机器人硬盘加载一个程序模块到运行内存
UnLoad	从运行内存中卸载一个程序模块
Start Load	在程序执行的过程中，加载一个程序模块到运行内存中
Wait Load	当 Start Load 使用后，使用此指令将程序模块连接到任务中使用
CancelLoad	取消加载程序模块
CheckProgRef	检查程序引用
Save	保存程序模块
EraseModule	从运行内存删除程序模块

（5）变量功能

TryInt	判断数据是否是有效的整数
OpMode	读取当前机器人的操作模式
RunMode	读取当前机器人程序的运行模式
NonMotionMode	读取程序任务当前是否无运动的执行模式
Dim	获取一个数组的维数
Present	读取带参数例行程序的可选参数值
IsPers	判断一个参数是不是可变量
IsVar	判断一个参数是不是变量

（6）转换功能

StrToByte	将字符串转换为指定格式的字节数据
ByteTostr	将字节数据转换成字符串

3. 运动设定

（1）速度设定

MaxRobspeed	获取当前型号机器人可实现的最大 TCP 速度
VelSet	设定最大的速度与倍率
SpeedRefresh	更新当前运动的速度倍率
Accset	定义机器人的加速度
WorldAccLim	设定大地坐标中工具与载荷的加速度
PathAccLim	设定运动路径中 TCP 的加速度

（2）轴配置管理

ConfJ	关节运动的轴配置控制
ConfL	线性运动的轴配置控制

（3）奇异点管理

SingArea	设定机器人运动时，在奇异点的插补方式

（4）位置偏置功能

PDispOn	激活位置偏置
PDispSet	激活指定数值的位置偏置
PDispOff	关闭位置偏置
EOffsOn	激活外轴偏置
EOffsSet	激活指定数值的外轴偏置
EOffsOff	关闭外轴位置偏置
DefDFrame	通过三个位置数据计算出位置的偏置
DefFrame	通过六个位置数据计算出位置的偏置
ORobT	从一个位置数据删除位置偏置
DefAccFrame	从原始位置和替换位置定义一个框架

（5）软伺服功能

SoftAct	激活一个或多个轴的软伺服功能
SoftDeact	关闭软伺服功能

（6）机器人参数调整功能

TuneServo	伺服调整
TuneReset	伺服调整复位
PathResol	几何路径精度调整
CirPathMode	在圆弧插补运动时，工具姿态的变换方式

（7）空间监控管理

WZBoxDef	定义一个方形的监控空间
WZCylDef	定义一个圆柱形的监控空间
WZSphDef	定义一个球形的监控空间
WZHomejointDef	定义一个关节轴坐标的监控空间
WZLimjointDef	定义一个限定为不可进入的关节轴坐标监控空间
WZLimsup	激活一个监控空间并限定为不可进入
WZDOSet	激活一个监控空间并与一个输出信号关联
WZEnable	激活一个临时的监控空间
WZFree	关闭一个临时的监控空间

注：这些功能需要选项"world zones"配合。

4. 运动控制

（1）机器人运动控制

MoveC	TCP 圆弧运动
MoveJ	关节运动
MoveL	TCP 线性运动
MoveAbsJ	轴绝对角度位置运动
MoveExtJ	外部直线轴和旋转轴运动
MoveCDO	TCP 圆弧运动的同时触发一个输出信号
MoveJDO	关节运动的同时触发一个输出信号
MoveLDO	TCP 线性运动的同时触发一个输出信号
MoveCSync	TCP 圆弧运动的同时执行一个例行程序
MoveJSync	关节运动的同时执行一个例行程序
MoveLSync	TCP 线性运动的同时执行一个例行程序

（2）搜索功能

SearchC	TCP 圆弧搜索运动
SCarchL	TCP 线性搜索运动
SearchExtJ	外轴搜索运动

（3）指定位置触发信号与中断功能

TriggIO	定义触发条件在一个指定的位置触发输出信号
TriggInt	定义触发条件在一个指定的位置触发中断程序
TriggCheckIO	定义一个指定的位置进行 I/O 状态的检查
TrjggEquip	定义触发条件在一个指定的位置触发输出信号，并对信号响应的延迟进行补偿设定
TriggRampAO	定义触发条件在一个指定的位置触发模拟输出信号，并对信号响应的延迟进行补偿设定
TriggC	带触发事件的圆弧运动
TriggJ	带触发事件的关节运动
TriggL	带触发事件的线性运动
TriggLIOs	在一个指定的位置触发输出信号的线性运动
StepBwdPath	在 RESTART 的事件程序中进行路径的返回
TriggStopProc	在系统中创建一个监控处理，用于在 STOP 和 QSTOP 中需要信号复位和程序数据复位的操作
TriggSpeed	定义模拟输出信号与实际 TCP 速度之间的配合

（4）出错或中断时的运动控制

StopMove	停止机器人运动
StartMovc	重新启动机器人运动
StartMoveRetry	重新启动机器人运动及相关的参数设定
StopMoveReset	对停止运动状态复位，但不重新启动机器人运动
StorePath[①]	储存已生成的最近路径
RestoPath[①]	重新生成之前储存的路径
ClearPath	在当前的运动路径级别中，清空整个运动路径
PathLevel	获取当前路径级别
SyncMoveSuspend	在 StorePath 的路径级别中暂停同步坐标的运动
SyncMoveResume[①]	在 StorePath 的路径级别中重返同步坐标的运动
IsStopMoveAct	获取当前停止运动标志符

注：①这些功能需要选项"Path recovery"配合。

（5）外轴的控制

DeactUnit	关闭一个外轴单元
ActUnit	激活一个外轴单元
MechUnitLoad	定义外轴单元的有效载荷
GetNextMechUnit	检索外轴单元在机器人系统中的名字
IsMechUnitActive	检查外轴单元状态是激活/关闭

（6）独立轴控制

IndAMove	将一个轴设定为独立轴模式并进行绝对位置方式运动
IndCMove	将一个轴设定为独立轴模式并进行连续方式运动
IndDMove	将一个轴设定为独立轴模式并进行角度方式运动
IndRMove	将一个轴设定为独立轴模式并进行相对位置方式运动
IndReset	取消独立轴模式
IndInpos	检查独立轴是否已到达指定位置
Indspeed	检查独立轴是否已到达指定的速度

注：这些功能需要选项"Independent movement"配合。

（7）路径修正功能

CorrCon	连接一个路径修正生成器
Corrwrite	将路径坐标系中的修正值写到修正生成器
CorrDiscon	断开一个已连接的路径修正生成器
CorrClear	取消所有已连接的路径修正生成器
CorfRead	读取所有已连接的路径修正生成器的总修正值

注：这些功能需要选项"Path offset or RobotWare-Arc sensor"配合。

（8）路径记录功能

PathRecStart	开始记录机器人的路径
PathRecstop	停止记录机器人的路径
PathRecMoveBwd	机器人根据记录的路径做后退运动
PathRecMoveFwd	机器人运动到执行 PathRecMoveFwd 这个指令的位置上
PathRecValidBwd	检查是否已激活路径记录和是否有可后退的路径
PathRecValidFwd	检查是否有可向前的记录路径

注：这些功能需要选项"Path recovery"配合。

（9）输送链跟踪功能

WaitWObj	等待输送链上的工件坐标
DropWObj	放弃输送链上的工件坐标

注：这些功能需要选项"Conveyor tracking"配合。

（10）传感器同步功能

WaitSensor	将一个在开始窗口的对象与传感器设备关联起来
SyncToSensor	开始/停止机器人与传感器设备的运动同步
DropSensor	断开当前对象的连接

注：这些功能要选项"Sensor synchronization"配合。

（11）有效载荷与碰撞检测

MotlonSup	激活/关闭运动监控
LoadId	工具或有效载荷的识别
ManLoadId	外轴有效载荷的识别

注：这些功能需要选项"collision detection"配合。

（12）关于位置的功能

Offs	对机器人位置进行偏移
RelTool	对工具的位程和姿态进行偏移
CalcRobT	从 jointtarget 计算出 robtarget
Cpos	读取机器人当前的 X、Y、Z
CRobT	读取机器人当前的 robtarget
CJointT	读取机器人当前的关节轴角度
ReadMotor	读取轴电动机当前的角度
CTool	读取工具坐标当前的数据
CWObj	读取工件坐标当前的数据
MirPos	镜像一个位置
CalcJointT	从 robtarget 计算出 jointtarget
Distance	计算两个位置的距离
PFRestart	检查确认断电时路径是否中断
CSpeedOverride	读取当前使用的速度倍率

5. 输入输出信号的处理

机器人可以在程序中对输入输出信号进行读取与赋值，以实现程序控制的需要。

（1）对输入输出信号的值进行设定

InvertDO	对一个数字输出信号的值置反
PulseDO	数字输出信号进行脉冲输出
Reset	将数字输出信号置为 0
Set	将数字输出信号置为 1
SetAO	设定模拟输出信号的值
SetDO	设定数字输出信号的值
SetGO	设定组输出信号的值

（2）读取输入输出信号值

AOutput	读取模拟输出信号的当前值
DOutput	读取数字输出信号的当前值
Goutput	读取组输出信号的当前值
TestDI	检查一个数字输入信号已置 1
ValidIO	检查 I/O 信号是否有效
WaitDI	等待一个数字输入信号的指定状态
WaitDO	等待一个数字输出信号的指定状态
WaitGI	等待一个组输入信号的指定值
WaitGO	等待一个组输出信号的指定值
WaitAI	等待一个模拟输入信号的指定值
WaitAO	等待一个模拟输出信号的指定值

（3）I/O 模块的控制

IODisable	关闭一个 I/O 模块
IOEnable	开启一个 I/O 模块

6. 通信功能

（1）示教器上人机界面的功能

TPErase	清屏
TPWrite	在示教器操作界面写信息
ErrWrite	在示教器事件日记中写报警信息并储存
TPReadFK	互动的功能键操作
TPReadNum	互动的数字键盘操作
TPShow	通过 RAPID 程序打开指定的窗口

（2）通过串口进行读写

Open	打开串口
Write	对串口进行写文本操作
Close	关闭串口
WriteBin	写一个二进制数的操作
WriteAnyBin	写任意二进制数的操作
WriteStrBin	写字符的操作
Rewind	设定文件开始的位置
ClearIOBuff	清空串口的输入缓冲
ReadAnyBin	从串口读取任意的二进制数
ReadNum	读取数字量
Readstr	读取字符串
ReadBin	从二进制串口读取数据
ReadStrBin	从二进制串口读取字符串

（3）Sockets 通信

SocketCreate	创建新的 socket
SocketConnect	连接远程计算机
Socketsend	发送数据到远程计算机
SocketReceive	从远程计算机接收数据
SocketClose	关闭 socket
SocketGetStatus	获取当前 socket 状态

7. 中断程序

（1）中断设定

CONNECT	连接一个中断符号到中断程序
ISignalDI	使用一个数字输入信号触发中断
ISignalDO	使用一个数字输出信号触发中断
ISignalGI	使用一个组输入信号触发中断
ISignalGO	使用一个组输出信号触发中断
ISignalAI	使用一个模拟输入信号触发中断
ISignalAO	使用一个模拟输出信号触发中断
ITimer	计时中断

TriggInt	在一个指定的位置触发中断
IPers	使用一个可变量触发中断
IError	当一个错误发生时触发中断
IDelete	取消中断

（2）中断的控制

ISleep	关闭一个中断
IWatch	激活一个中断
IDisable	关闭所有中断
IEnable	激活所有中断

8. 系统相关指令（时间控制）

ClkReset	计时器复位
ClkStrart	计时器开始计时
ClkStop	计时器停止计时
ClkRead	读取计时器数值
CDate	读取当前日期
CTime	读取当前时间
GetTime	读取当前时间为数字型数据

9. 数学运算
（1）简单运算

Clear	清空数值
Add	加或减操作
Incr	加 1 操作
Decr	减 1 操作

（2）算术功能

AbS	取绝对值
Round	四舍五入
Trunc	舍位操作
Sqrt	计算二次根
Exp	计算指数值 e^x

续表

Pow	计算指数值
ACos	计算圆弧余弦值
ASin	计算圆弧正弦值
ATan	计算圆弧正切值$[-90,90]$
ATan2	计算圆弧正切值$[-180,180]$
Cos	计算余弦值
Sin	计算正弦值
Tan	计算正切值
EulerZYX	从姿态计算欧拉角
OrientZYX	从欧拉角计算姿态

ALIAS	AND	BACKWARD	CASE
CONNECT	CONST	DEFAULT	DIV
DO	ELSE	ELSEIF	ENDFOR
ENDFUNC	ENDIF	ENDMODULE	ENDPROC
ENDRECORD	ENDTEST	ENDTRAP	ENDWHILE
ERROR	EXIT	FALSE	FOR
FROM	FUNC	GOTO	IF
INOUT	LOCAL	MOD	MODULE
NOSTEPIN	NOT	NOVIEW	OR
PERS	PROC	RAISE	READONLY
RECORD	RETRY	RETURN	STEP
SYSMODULE	TEST	THEN	TO
TRAP	TRUE	TRYNEXT	UNDO
VAR	VIEWONLY	WHILE	WITH
XOR			

参考文献

［1］魏丽君，吴海波．工业机器人技术［M］．北京：高等教育出版社，2017.

［2］许文稼，张飞．工业机器人技术基础［M］．北京：高等教育出版社，2017.

［3］吴海波，刘海龙．工业机器人现场编程（ABB）［M］．北京：高等教育出版社，2017.

读者意见反馈

为收集对教材的意见建议，进一步完善教材编写并做好服务工作，读者可将对本教材的意见建议通过如下渠道反馈至我社。

咨询电话　400-810-0598

反馈邮箱　gjdzfwb@ pub. hep. cn

通信地址　北京市朝阳区惠新东街 4 号富盛大厦 1 座　高等教育出版社总编辑办公室

邮政编码　100029